MARCELO DUARTE

# ONDE FORAM PARAR OS DINOSSAUROS?

ilustrações
**BIRY SARKIS**

PANDA BOOKS

Texto © Marcelo Duarte
Ilustração © Biry Sarkis

Direção editorial
*Marcelo Duarte*
*Patth Pachas*
*Tatiana Fulas*

Gerente editorial
*Vanessa Sayuri Sawada*

Assistentes editoriais
*Henrique Torres*
*Laís Cerullo*

Assistente de arte
*Samantha Culceag*

Capa
*Biry Sarkis*

Diagramação
*Elis Nunes*

Preparação
*Beatriz de Freitas Moreira*

Revisão
*Clarisse Lyra*
*Beto Furquim*
*Vanessa Oliveira Benassi*

Revisão técnica
*Ariel Milani Martine*

Fotos
*P. 107: © Marco Aurelio Sparza/Wikimedia Commons/CC BY-SA 3.0;*
*p. 108: © Kabacchi/Flickr/CC BY 2.0;*
*p. 110: © Guilherme Domenichelli e Ariel Milani Martine*

Impressão
*Loyola*

---

CIP-BRASIL. CATALOGAÇÃO NA PUBLICAÇÃO
SINDICATO NACIONAL DOS EDITORES DE LIVROS, RJ

D873o
   Duarte, Marcelo
   Onde foram parar os dinossauros? / Marcelo Duarte; ilustração Biry Sarkis. – 1. ed. – São Paulo: Panda Books, 2024. il.; 21 cm.

   ISBN 978-65-5697-310-4

   1. Ficção. 2. Dinossauros – Literatura infantojuvenil. 3. Literatura infantojuvenil brasileira. I. Sarkis, Biry. II. Título.

24-91647
CDD: 808.899282
CDU: 82-93(81)

Meri Gleice Rodrigues de Souza – Bibliotecária – CRB-7/6439

2024
Todos os direitos reservados à Panda Books.
Um selo da Editora Original Ltda.
Rua Henrique Schaumann, 286, cj. 41
05413-010 – São Paulo – SP
Tel./Fax: (11) 3088-8444
edoriginal@pandabooks.com.br
www.pandabooks.com.br
Visite nosso Facebook, Instagram e Twitter.

Nenhuma parte desta publicação poderá ser reproduzida por qualquer meio ou forma sem a prévia autorização da Editora Original Ltda. A violação dos direitos autorais é crime estabelecido na Lei nº 9.610/98 e punido pelo artigo 184 do Código Penal.

FSC
MISTO
Papel | Apoiando o manejo florestal responsável
FSC® C008008

# SUMÁRIO

Apresentação ..................................................... 5

Bem-vindos à terra dos dinossauros ..................... 7
Como nos livros de detetive ................................. 13
O museu por dentro ............................................. 17
O fêmur do *Arrudatitan* ...................................... 22
Atraso na encomenda ........................................... 28
Dinossauros em apuros ......................................... 32
Lagartos aterrorizantes ......................................... 40
Pazinha para o "geladossauro" .............................. 44
Parque paleontológico paulista .............................. 48
Suspeitos insuspeitos ............................................. 57
Devemos nos preocupar? ...................................... 64
Operação Dinossauro de Troia .............................. 67
De volta ao local do roubo .................................... 71
Uma armadilha à espera ........................................ 81
Falta um ................................................................ 85
Onde foram parar os dinossauros? ....................... 89
Pegadas no saguão ................................................ 98
A segunda temporada ........................................... 104

Para saber mais sobre
os dinossauros brasileiros ...................................... 107

# APRESENTAÇÃO

Monte Alto existe de verdade. É a terra da minha mãe. Fica no interior de São Paulo e foi onde passei boa parte das minhas férias na infância e na adolescência. Brincava na Praça da Matriz, via filmes nos cines Guarany e São Jorge, tomava sorvete de limão numa sorveteria que não lembro mais o nome e ainda adorava xeretar o estúdio da Rádio Cultura, que funcionava no porão alugado por meus tios Nílton e Carmem, na casa onde eu me hospedava. Ainda não se falava em dinossauros por lá. Eu já era adulto quando os primeiros ossos pré-históricos foram encontrados na cidade, em 1984. O Museu de Paleontologia foi inaugurado em 1992. Na primeira vez que fui visitá-lo, ele estava fechado. Para não perdermos a viagem, minha mãe ligou para um amigo de infância, o professor Toninho – Antônio Celso de Arruda Campos –, diretor do museu. Ele saiu da casa dele e foi abrir o museu só para nós. Ganhamos uma visita guiada por uma das maiores autoridades em paleontologia do país, contando todas as suas descobertas. O Museu de Paleontologia de Monte Alto leva merecidamente o nome do professor Antônio Celso (1934-2015) e é a ele que dedico esta história.

*Marcelo Duarte*

# BEM-VINDOS À TERRA DOS DINOSSAUROS

– Quanto falta para chegar em Monte Alto?

Sapo não lembrou que estava com os fones de ouvido e a pergunta saiu num volume exageradamente alto lá do fundo do ônibus. Toda a classe virou para trás. Alguns que cochilavam acordaram assustados. Só assim o garoto percebeu a mancada.

– Já estamos bem perto – disse Denise, a professora de ciências que acompanhava a turma do Colégio Nísia Floresta na excursão de estudo do meio.

– Passamos por Jaboticabal, pessoal. A próxima cidade é Monte Alto.

– Faltam menos de trinta quilômetros, a previsão é chegarmos em meia hora – calculou o motorista da empresa contratada pela escola para fazer a viagem.

Dali a pouco, os alunos sentados do lado esquerdo do ônibus puderam ler "Monte Alto" em grandes letras de concreto, pintadas de branco, num trevo da estrada. Depois de quatro horas, o ônibus da Dino

Tour enfim entrou na cidade e seguiu direto para o Museu de Paleontologia.

– Chegamos! – anunciou o motorista, abrindo a porta do veículo.

– Preciso esticar as pernas – Sapo veio apressado pelo corredor, passando na frente de todos os outros, com o cabelo totalmente desarrumado.

Os alunos foram descendo na maior alegria. Deram de cara com a escultura de um dinossauro verde, feita em cimento. As primeiras *selfies* começaram a ser tiradas ali mesmo. Tito subiu numa pá quebrada que encontrou ao lado da estátua para sair mais alto nas fotografias. Ele era o rei das redes sociais da turma. Postava praticamente tudo o que fazia ao longo do dia. Não deixava escapar nada e sempre encontrava ângulos inusitados. Conseguiu ali um enquadramento em que parecia estar beijando a testa do dinossauro.

A balbúrdia foi interrompida quando Agatha e Yumi perceberam uma movimentação estranha, uma grande aglomeração na entrada do museu. Chamaram a atenção da professora. Havia duas viaturas de polícia, o carro de uma emissora de rádio da cidade, a van de um canal de TV e alguns curiosos.

– Desculpem, desculpem – um rapaz em uma cadeira de rodas se aproximou em alta velocidade. – Estamos fechados hoje.

– Fechados? – espantou-se a professora Denise. – Como assim? Nós viemos de São Paulo com a turma da escola para visitar o museu. Agendamos esse passeio faz meses.

– Olá, bom dia – um homem entrou na conversa, fez uma pequena mesura e se apresentou à professora. – Meu nome é Alan. Eu sou o monitor contratado pela Dino Tour para acompanhar vocês.

– Pelo visto só vai nos acompanhar de volta ao ônibus, é isso? – endureceu Denise.

– Calma, professora – pediu o primeiro rapaz, que aparentava ter uns vinte anos, não mais que isso. – Sou o Gino e cuido da bilheteria do museu.

– Muito prazer. Denise, professora de ciências do Colégio Nísia Floresta, de São Paulo. Você pode me explicar o que está acontecendo aqui?

– Desculpem, eu sei que vocês vieram de longe – Gino baixou os olhos e fez ar de consternado. – Também lamento pela Dino Tour, que é uma grande parceira nossa, mas o museu foi assaltado ontem à noite. Chamamos a Polícia Militar, que isolou a área. A delegada acionou a Polícia Científica, que acabou de chegar de Ribeirão Preto.

O clima foi de tristeza entre a garotada. Viajar trezentos e cinquenta quilômetros para dar com a cara na porta.

— Assaltado? — Yumi, que estava na linha de frente, ao lado da professora, surpreendeu-se com a notícia.

— Roubaram fósseis?

— Sim, levaram as peças mais importantes — Gino parecia desolado.

— É uma notícia muito chata mesmo — Alan tentava consolar Gino, a professora e os alunos. — Quando vi o ônibus chegando, conversei com a diretora do museu, que virá dar uma palavrinha com vocês daqui a pouco. Ela está terminando de falar com o pessoal da Polícia Científica. Quem sabe não encontramos uma solução para vocês não perderem a viagem?

Os alunos ainda estavam atônitos com aquela situação. Sapo era o único que parecia gostar da confusão. Ficou cochichando para os amigos à sua volta:

— Vocês viram o monitor que arrumaram para nós? — apontou na direção de Alan. — O cara está com a roupa toda suja de terra. Se bobear, os paleontólogos acabaram de tirá-lo das rochas.

Preocupada, a professora ligou para informar a direção do Nísia Floresta sobre o acontecimento. Dois minutos depois, Célia Regina, diretora do museu, apareceu para conversar com eles:

— Fiquei muito triste com o que aconteceu — a diretora respirou fundo e contou mentalmente até cinco.

— Ainda estamos fazendo o levantamento de tudo o que

levaram. Mas posso adiantar que, para o azar de vocês que vieram de longe, as peças mais importantes foram roubadas. Levaram ossos de dinossauros bem raros que tínhamos aqui. Crânios, vértebras, fêmures, dentes.

A diretora esfregou os olhos, enxugando uma lágrima que ameaçava cair, antes de continuar falando:

— Não quero que voltem com uma má impressão da cidade. Alan, o monitor, me disse que vocês dormirão esta noite em Monte Alto e só voltarão para São Paulo amanhã.

— Exatamente — confirmou Denise.

— Então tenho uma proposta. Hoje à tarde, nós pediremos para a educadora do museu fazer uma apresentação a vocês. Vamos contar a história dos dinossauros de Monte Alto. É o mínimo que podemos oferecer para a turma não voltar frustrada. Como a polícia fechou o museu, a palestra poderá ser no coreto de nossa praça da Matriz. Topam?

# COMO NOS LIVROS DE DETETIVE

O ônibus parou quando chegou ao Optimum Plaza Hotel. Os trinta e quatro alunos, a professora e o monitor, que pegou uma carona, desceram. O prédio de nove andares ficava bem em frente ao acanhado estádio de futebol. Diante da curiosidade geral, o gerente explicou que aquele era o campo do Monte Alto Clube, que usava as cores da bandeira municipal — vermelho, azul e branco. Lembrou que o famoso jogador Zuba havia feito um golaço naquele gramado quando ainda despontava nas categorias de base do Dínamo. Enquanto isso, a professora entregava as chaves dos quartos aos alunos. Dois em cada acomodação.

— Agatha Maia e Yumi Hoshino: quarto 212.

Sapo e Tito ficaram com o 210. Os quatro entraram juntos no pequeno elevador. Tito não perdeu tempo e sacou o telefone:

— Gente, vamos juntar para uma foto? Quero documentar tudo nos meus *stories*. Aliás, vocês não acham o nome da cidade meio sem graça? Quem dá nomes às cidades tem pouca imaginação. Em vez de Monte Alto, eu acho que Monte Mágico ou Monte Encantado seria bem mais lacrador.

— Putz, Tito, você só pensa nisso: lacrar, bombar, viralizar... — chiou Yumi.

— Tem algo mais importante que isso hoje em dia, me diz? — Tito não se deu por vencido.

Agatha mudou rápido de assunto antes que o caldo entre os dois engrossasse. Ela disse que não se conformava com o assalto ao museu. Mas percebeu que havia até a possibilidade de começar uma boa aventura, como nos romances policiais que amava ler. A garota tinha o sonho de se tornar uma escritora tão famosa quanto sua xará inglesa, mestre do suspense.

— Esse assalto me fez lembrar de *O silenciar dos ponteiros*, de um escritor irlandês chamado Charles Morrison, que li no ano passado — contou ela. — É uma aventura da detetive Paty Person. Só que, em vez de dinossauros, a trama falava do furto de relógios raros. Eu recomendo. E já que não temos nada melhor para fazer, acho que poderíamos investigar essa história.

Os três se entreolharam e depois olharam para Agatha, tudo em silêncio, no meio do corredor, em frente aos quartos.

— E então: bora investigar? — ela propôs. — No livro, o primeiro capítulo começa com uma reunião entre o detetive e seu ajudante. Que tal uma reunião daqui a cinco minutos no saguão?

Concordaram com a cabeça. Primeiro Yumi, depois Tito e, por fim, Sapo. Poderia ser mesmo divertido. Deixaram as mochilas no quarto, deram uma inspecionada na cama e no banheiro e desceram.

Menos de dois minutos depois, os quatro estavam fazendo planos.

— Por onde a gente começa? — perguntou Yumi, a mais pragmática do grupo.

— Se o Pitanga, meu cachorro, estivesse aqui, seria bem fácil — disse Sapo. — Ele é ótimo em farejar ossos.

— Se tivesse sumido um bolo de chocolate, você mesmo faria o trabalho, né? — Tito provocou o amigo.

— Por onde a gente começa? — repetiu Yumi, agora num tom mais bravo.

— Em *O caso dos botões enferrujados*, o agente Borenstein diz para seu chefe: "O larápio sempre deixa rastros. É só procurar direitinho". — Agatha tinha mesmo uma memória incrível para os livros que lia. — Acho que o primeiro passo é voltar ao museu. Se houver alguma pista, com certeza ela estará lá dentro.

– Aposto que a professora não vai deixar – disse Sapo.

– Mas ela não saberá que nós iremos até lá – anunciou Agatha. – Ouçam a minha ideia.

# O MUSEU POR DENTRO

Fazia um calor fora do comum. Mesmo assim, Denise e Alan resolveram levar a turma para um passeio a pé. Antes de saírem, Alan disse que seria importante apresentar um pouco da cidade:

— Bem-vindos e bem-vindas a Monte Alto, cidade com cinquenta mil habitantes que está entre as cem maiores do estado de São Paulo. Monte Alto foi fundada em 15 de maio de 1881 por um farmacêutico chamado Porfírio Luís de Alcântara Pimentel, que morava na vizinha Jaboticabal.

— Por que o nome da fruta é "jabuticaba" com "u" e o nome da cidade é "jaboticabal" com "o"? — adiantou-se a perguntadeira Yumi.

— Agora você me pegou. Nunca me perguntaram isso.

— Yumi, querida, as duas formas estão certas — Denise socorreu o monitor. — Você pode chamar a fruta de jaboticaba também. Pode continuar, Alan. Deixem as perguntas para o final.

— O primeiro nome daqui foi Bom Jesus de Pirapora

das Três Divisas de Monte Alto – Alan continuou sua apresentação. – A cidade pertenceu a Jaboticabal até 1895. Monte Alto é conhecida como "cidade-sonho".

– Sonho? – arregalou os olhos Sapo. – Que tipo de sonho? Sonho de padaria, aquele com muito creme?

– Não, não. Porfírio perdeu tudo o que tinha num incêndio e sonhou com o local em que construiria sua nova casa. Quando encontrou esse terreno aqui, num monte alto, ele se lembrou do sonho. Entenderam?

Ao final da apresentação, Alan disse que a primeira parada seria no Mausoléu da Menina Izildinha, ponto de visitas turísticas de toda a região. Se sobrasse tempo, eles andariam depois pelas ruas do centro. O almoço estava marcado para uma da tarde num restaurante de comida por quilo perto dali.

Agatha, Yumi, Sapo e Tito disseram que ficaram um pouco enjoados da viagem e que prefeririam permanecer descansando no hotel para se recuperarem até a hora da apresentação.

– Não sei se é uma boa ideia deixar vocês sozinhos – refletiu Denise em voz alta. – Têm certeza de que não querem pelo menos nos acompanhar no almoço?

– Vamos ficar quietinhos em nossos quartos – Sapo fez cara de santo. – Quem seria louco de ficar zanzando numa cidade que nem conhece?

— Meu estômago está tão embrulhado — reclamou Tito. — Não posso nem sentir cheiro de comida.

— Está bem, sei que posso me arrepender disso, mas vou dar um crédito de confiança aos quatro — disse Denise. — Fiquem trancadinhos nos quartos até voltarmos. Se mudarem de ideia, liguem para mim. Nem pensem em colocar os pés para fora do hotel sozinhos.

Tito ficou espiando pela janela a saída dos colegas do prédio. Só depois que a turma estava longe os quatro pegaram suas mochilas e seguiram em direção ao Museu de Paleontologia, a apenas três quadras do Optimum Plaza, atrás da estação rodoviária.

O museu ficava na parte mais alta do terreno. Era um prédio todo branco, bem comprido, de dois andares. Havia um grande esqueleto de dinossauro pintado em uma parede lateral. Assim que chegaram, deram de cara com Gino, bastante entretido com seu telefone celular. Quando viu os quatro garotos se aproximando pareceu ter levado um choque elétrico. Parou de digitar de imediato e colocou o aparelho no bolso da camisa.

— Eu diria que vocês estão um pouco adiantados — tentou disfarçar o incômodo do encontro. — A palestra será na praça às três da tarde.

— Nós sabemos — disse Sapo. — Só estamos dando um rolê pela cidade. Sabia que a única vez que vi um dinossauro de perto foi quando comprei ingresso na fileira B para assistir *Jurassic World: domínio*?

Sapo, com seu jeito zombeteiro, acabou quebrando o gelo entre eles.

— A polícia já foi embora? — Agatha percebeu que as viaturas não estavam mais lá e as pessoas também haviam se dispersado.

— Sim. Reviraram tudo e voltarão mais tarde para colher impressões digitais. O alarme do museu foi cortado. As câmeras de segurança não estavam funcionando.

— Já tem algum suspeito? — perguntou Yumi.

— Por enquanto acredito que não — Gino balançou a cabeça.

— O inspetor Jacques Cinque, que é um dos maiores detetives da literatura policial belga, dizia que "a polícia sempre procura pistas no chão e elas podem estar nas paredes". Até sublinhei essa frase num dos livros. Não é demais? — contou Agatha.

Antes que Agatha desse com a língua nos dentes de novo, Tito tratou de mudar o rumo do assunto:

— Aproveitando que estou aqui, vou fazer algumas *selfies* na fachada. Sou influenciador digital, sabia? Me segue lá. Pode ficar tranquilo que vou colocar a *hashtag* do museu, tá?

Yumi aproveitou que a conversa ficou mais descontraída para pôr em ação uma ideia que acabara de ter:

— Estou precisando muito ir ao banheiro — disse em tom meio desesperado.

— Banheiro?!? Ah, desculpe, não sei se posso abrir o museu para vocês — Gino titubeou.

— Por favor, é uma emergência, caso de vida ou morte, não vou conseguir chegar na rodoviária — insistiu a garota. — Tá na portinha.

Agatha entendeu a tática e colocou lenha na fogueira.

— Segura, amiga, segura um pouquinho. Precisamos de um banheiro, urgente!

Diante do desespero das duas, Gino não teve alternativa.

— Como vocês estão apenas em quatro, e não em quarenta, vou abrir uma exceção — consentiu. — Mas, por favor, sejam rápidos.

# O FÊMUR DO *ARRUDATITAN*

Gino abriu uma porta de serviço e eles entraram no museu. O salão principal era grande, mas parecia apertado pela quantidade de mesas, estantes, armários e vitrines colocados ali. Gino disse que estavam expostas duzentas das mais de mil peças do acervo do museu. As de menor valor ficavam guardadas num depósito dentro do prédio da prefeitura. Dava para ver alguns vidros estilhaçados no chão e espaços vazios.

— Aqui ficava uma peça rara: o crânio de um crocodilo do período Cretáceo Superior.

— "Cretináceo?" — zombou Sapo.

— Cretáceo — explicou Gino, que não conhecia o jeito fanfarrão de Sapo e achou que ele tinha entendido errado mesmo. — Cretáceo Superior, cem milhões de anos atrás.

— Roubo de um crânio? Ih, aí o Tito passa a ser suspeito — continuou zoando Sapo. — É o único aqui que está atrás de um crânio para ver se encontra um cérebro.

Gino explicou que os banheiros ficavam no final do museu. No caminho, o bilheteiro apontou para uma das vitrines vazias:

— Ali estava exposto o fêmur esquerdo de um *Arrudatitan*, uma de nossas peças mais famosas. — Só o fêmur tinha um metro e sessenta. O *Arrudatitan* media quinze metros de comprimento e quatro metros de altura. Pesava oito toneladas.

— Quanto pesava só o fêmur? — perguntou Yumi, ainda preocupada em não sair dali de mãos vazias.

— Uns cinquenta quilos.

— É quase o peso do Sapo — comparou Tito.

— De jeito nenhum — discordou Gino com veemência. — Um sapo pesa pouquíssimo. Deve ser menos de meio quilo.

— Estou falando deste "Sapo" aqui — Tito apontou para o amigo.

— Ah, desculpe, Gino — Agatha tomou a palavra. — Acabamos não nos apresentando. Eu sou a Agatha.

— Eu me chamo Yumi. Yumi com "y".

— Bonito nome — elogiou Gino. — O que significa?

— É um nome de origem japonesa — explicou a garota. — "Yu" significa algo em abundância e "mi" é beleza. Seria algo como "beleza abundante".

— Tá explicado por que eu nunca ligo o nome à pessoa — disparou Sapo.

— Não é o seu caso, né? — rebateu Yumi. — Você tem mesmo cara de sapo.

Antes que o caldo entornasse, Tito esticou a mão:
— Muito prazer. Sou o Tito.

E cutucando o amigo ao lado:
— Só faltou você. Coaxa logo seu nome aí.
— É, faltou eu. Sou o Sapo. Foi o apelido que me deram na escola há uns dois anos porque tenho as bochechas grandes. Nem adianta dizer qual é o meu nome verdadeiro, porque, se você me chamar assim, é bem capaz de eu não lembrar e não atender. Até em casa eu sou o Sapo. Só os professores me chamam pelo meu nome mesmo, em geral na hora da chamada.

Yumi e Agatha entraram no banheiro. Os garotos ficaram esperando junto com Gino. Tito mexeu em alguns ossos que estavam expostos sem proteção depois que várias vitrines foram quebradas e deixadas no chão na noite anterior.

— O Pitanga ia adorar ver esse monte de ossos — riu Sapo. — Aposto que, a uma hora dessas, já estaria enterrando todos os que sobraram nesse terrão aí atrás do museu.

Gino franziu o cenho, fechou a cara e nada comentou.

Quem monta esses esqueletos de dinossauros deve ser bom de quebra-cabeças, né? — disse Tito.

Esse comentário era bem comum nas excursões e nas visitas guiadas.

— Quando alguém avisa que encontrou pedaços de dinossauros, os paleontólogos vão até o local e retiram essas partes. Assim, mesmo com apenas alguns fragmentos, eles conseguem imaginar como era o bichão. Às vezes, até fósseis de fezes ou urina nos ajudam nesse trabalho — disse Gino.

— Que horror — Tito fez uma careta. — Xixi e cocô de dinossauro. Os caras estudam anos e anos para ficar analisando xixi e cocô depois. Pelo menos já estão petrificados.

As meninas saíram do banheiro e perguntaram sobre o que eles estavam falando.

— Eu disse a eles que cocô, ovos e pegadas dão informações importantes sobre os dinossauros — repetiu Gino. — Pegadas, por exemplo, ajudam a entender a locomoção e o tamanho deles. A análise do cocô pode indicar algo sobre a dieta dos dinos. Se eram carnívoros ou herbívoros.

Os cinco começaram a voltar pelo caminho por onde haviam entrado.

— Se achar um pedaço de cocô de dinossauro em Monte Alto, eu não vou avisar ninguém — disse Sapo. — Eu mesmo vou escavar e depois usar a peça de decoração no meu quarto.

— Você não pode fazer isso — alertou Gino. — Há uma lei, bem antiga até, que diz que qualquer fóssil encontrado aqui no Brasil pertence ao governo. Você precisa entregá-lo às autoridades.

— Ah, fala sério — Sapo não estava acreditando.

— É sério — confirmou o funcionário do museu. — Fósseis fazem parte do patrimônio cultural e natural do país.

Não deu tempo de continuar a explicação. Gino sentiu que alguém apertou seu ombro com força.

— O que você está fazendo aqui dentro com esses quatro visitantes?

Gino virou o rosto e viu que aquela era a mão de Saulo, assistente da diretora Célia Regina. Suas sobrancelhas, que pareciam duas taturanas, lhe deixavam com um ar um tanto perturbador.

— Aconteceu um crime aqui na noite de ontem e a cena precisa ser preservada, lembra-se disso, Gino? — Saulo levantou o tom de voz. — A polícia sabe que vocês estão aqui dentro?

Agatha, Tito e Sapo ficaram mudos de medo. Yumi, que era filha de uma instrutora de meditação, foi a única que manteve a calma e não se intimidou com a ameaça. Falou com toda a frieza:

— O Gino não tem culpa de nada. Nós é que pedimos para usar o banheiro.

Agatha emendou:

— Sim, ele foi muito gentil em nos deixar entrar. Era uma emergência. Uma cólica que está me matando.

Elas foram tão espontâneas que Saulo acreditou que as duas estavam ali por causa do banheiro mesmo e baixou o tom de voz. Soltou também o ombro de Gino, que se sentiu aliviado.

— Agora que as duas já usaram o banheiro, eu quero os quatro fora daqui, entendeu, Gino? Ou melhor, os cinco — ordenou o assistente.

O bilheteiro abaixou a cabeça. Sapo pensou em dizer algo, mas Saulo virou as costas e foi para a sala da administração do museu. Nesse instante, Sapo viu uma folha dobrada caindo do bolso de trás da calça de Saulo. Sem fazer alarde, ele apanhou o papel discretamente, deu uma olhada no que havia ali e o enfiou no bolso da bermuda.

— Acho melhor voltarmos para o hotel antes que percebam a nossa ausência — sugeriu Tito.

# ATRASO NA ENCOMENDA

Faltando dez minutos para a uma da tarde, a turma da professora Denise chegou ao restaurante Cantinho Gostoso. A mesa com trinta e seis lugares tinha sido reservada pela Dino Tour. Todos foram se acomodando e, depois de pedirem as bebidas, partiram logo para atacar o bufê.

— Preciso resolver um negócio e, por causa disso, não vou poder almoçar com vocês — disse Alan para Denise.

— Puxa, que pena — disse ela, realmente chateada com a notícia. — Não quer beliscar nem uma coisinha?

— Fiquem tranquilos, comam com calma — pediu ele. — Saindo daqui à direita, a uma quadra de distância, você vai encontrar uma sorveteria muito boa, a melhor da cidade. Dá tempo de vocês passarem lá para a sobremesa. O hotel fica na rua de baixo, bem nesta direção. Encontro com vocês lá às duas e quarenta, combinado?

Denise concordou. Pegou seu prato e foi a última

a se servir no bufê, já bastante desfalcado. Batata frita já não havia mais nenhuma.

Alan saiu caminhando. Alguns minutos depois, ele chegou a uma casa com a fachada toda de pedra e uma garagem na frente. Havia um carro coberto por uma lona marrom estacionado ali. Ele bateu palmas e gritou "ô de casa!". Uma criança com uma chupeta na boca afastou a cortina e espiou pela janela. Logo um homem corpulento, com a barba por fazer e cabelos desgrenhados, abriu a porta.

– Boa tarde, Alan – disse ele, enquanto terminava de palitar os dentes.

– Boa tarde, Júlio. A encomenda ficou pronta?

– Ainda não – respondeu. – Já expliquei mil vezes que o trabalho não é simples, exige muitos cuidados e você não pode me apressar.

– Eu sei, eu sei. Mas nosso prazo está acabando e tem muita coisa a ser feita ainda.

– Tenho trabalhado de manhã, de tarde e de noite nisso. Sete dias por semana. Só paro no domingo para ir à igreja. Estou fazendo o que posso, o que está ao meu alcance.

– Qual deles você vai entregar primeiro? – Alan diminuiu a altura da voz quando viu duas vizinhas passando ali em frente.

– O dromeossaurídeo, conforme o combinado.

Marcelo Duarte

Pode passar aqui hoje, mais no final do dia, que ele estará pronto para você levar.
— Combinado, Júlio. Trago o seu dinheiro também.

# DINOSSAUROS EM APUROS

Faltando quinze minutos para as três da tarde, a professora Denise reuniu todos os alunos no saguão do hotel. O monitor Alan já estava novamente ao lado dela.

— Que pena que você não veio com a gente, Sapo — disse Deco. — A cidade é bem bonita e muito tranquila.

— Um total de zero pessoas estava interessada nessa sua informação — debochou o colega.

— Depois do almoço, paramos numa sorveteria da hora — continuou Amanda.

— É mesmo? Tinha sorvete de "amândoa"? — Sapo fez um trocadilho que sabia que irritaria a garota.

— Tinha também de "sapo-ti" — retrucou a garota. — Mas o dono da sorveteria disse que ninguém gosta, é muito ruim!

A troca de provocações foi interrompida pelo início das instruções do monitor:

— Vamos lá, turma! Saindo do hotel, virem à direita. Por favor, andem todos juntos. Ninguém se separa do grupo, ok?

\* \* \*

A Igreja do Senhor Bom Jesus, com a fachada pintada de amarelo, ficava numa das pontas da praça principal de Monte Alto, a Dr. Luiz Zacharias de Lima. O coreto estava bem no centro. Havia também uma fonte, desligada, e muitos bancos de pedra no entorno, que traziam publicidades antigas, de negócios que nem existiam mais, como um curso de etiqueta para moças e uma fábrica de chapéus de feltro masculinos.

Célia Regina e Saulo, que os quatro tinham conhecido de uma forma pouco amistosa, já estavam ao lado de uma escultura em cimento de dinossauro, que a prefeitura havia mandado colocar ali para chamar a atenção dos turistas. Yumi, Agatha, Tito e Sapo ficaram propositalmente no fundo, torcendo para Saulo não comentar nada sobre o acontecido de uma hora antes. Logo juntou-se a Célia Regina e Saulo uma moça toda paramentada com roupas de cor cáqui e pesadas botinas pretas.

A diretora pediu desculpas mais uma vez por não poder receber a turma no museu e fez as devidas apresentações. Saulo saudou a todos com o entusiasmo de uma pedra de gelo. O nome da moça era Rachel Martine, paleontóloga e educadora do museu. Foi ela quem deu início à explicação. Disse que iria contar um pouco da história dos dinossauros monte-altenses.

— Fósseis nos permitem reconstruir uma história — começou dizendo.

Estava diante de um cavalete que ela mesmo levou com um bem traçado mapa de São Paulo. O desenho mostrava os tipos de dinossauros que viveram no estado no Período Cretáceo.

— O mapa de São Paulo me lembra um *tsuru* — disse Yumi, se referindo a um dos mais tradicionais *origamis* da cultura japonesa.

— "Tsurussauro", você quis dizer? — riu Sapo.

A professora Denise fez um *psiu* para que eles parassem de falar e prestassem atenção.

— Alguns esqueletos fossilizados encontrados recentemente revelam que, há setenta milhões de anos, várias espécies de dinossauros habitaram o interior do estado de São Paulo — explicou a paleontóloga, apontando para áreas do mapa. — Esse "Jurassic Park" paulista cobria toda a região oeste, o centro-oeste e parte da região norte do estado. Nessas regiões viviam em especial os titanossauros.

— Titanossauros? — arregalou os olhos Sapo. — Parentes seus, Tito?

A professora Denise fez um *psiiiiuuuuu* bem mais longo:

— Sem gracinhas, por favor. Os dois.

— Eles eram herbívoros de cauda e pescoço longos, que podiam chegar a vinte e cinco metros de comprimento — disse Rachel. — O oeste e o centro-oeste do estado de São Paulo são reconhecidos no mundo inteiro como um grande cemitério pré-histórico.

— Então podemos estar agora em cima de ossos de dinossauros? — perguntou Amanda.

— É bem provável que sim — respondeu a paleontóloga. — De vez em quando, alguém da cidade tropeça em um deles. Outro dia mesmo, um comerciante encontrou um osso de titanossauro quando andava de bicicleta na zona rural. Aqui, nesta parte da cidade, já foram encontrados fósseis de tartarugas e crocodilos pré-históricos.

— Um crocodilo até ganhou o nome da cidade e do paleontólogo que o descobriu: *Montealtosuchus arrudacamposi* — finalmente Saulo abriu a boca.

— Exato. O professor Antônio Celso de Arruda Campos foi um dos maiores estudiosos do assunto no país — complementou Rachel. — No começo, ele formou uma equipe só com servidores públicos, tudo improvisado, para escavar diversas áreas do município. Guardava os achados em casa. O nosso museu tem o nome dele.

— Uma dúvida — interrompeu Marielly, uma das

alunas apaixonadas por ciências. – Se o sobrenome dele é "Arruda Campos", por que o crocodilo ganhou o nome de *"arrudacamposi"*?

– Quando o nome científico do animal, do passado ou do presente, está homenageando alguém, ele ganha essa letra "i" no final – explicou Rachel. – É uma regra do latim.

– O Pitanga é bom de latim – Sapo entrou no meio da explicação. – Quando chego em casa, ele fica "latim-do" para mim.

– Você já fez show de *stand-up*? – perguntou Yumi.

– Não, nunca fiz – estranhou Sapo.

– Ainda bem. Você iria morrer de fome.

Alheia à briguinha dos dois, Marielly continou perguntando:

– E esse *"suchus"* que vem junto de Monte Alto?

– Com o calor que faz nessa cidade, um *suchus* gelado seria tudo de bom – Agatha estava se abanando com o caderno.

– *Suchus* é crocodilo em latim – explicou a educadora. – Então, *Montealtosuchus* é crocodilo de Monte Alto.

– Ah, Rachel, tem outra história curiosa que eu acho que eles vão gostar – Saulo estava se soltando aos poucos. – Um dinossauro descoberto em Ibirá, que fica a uns cem quilômetros daqui, ganhou o nome de

*Thanos simonattoi*. Thanos por causa do vilão da Marvel, mais o Simonatto, que é o sobrenome do agricultor que encontrou o primeiro pedaço do fóssil, em 1995, acrescido da letra "i".

– Ei, cara, se eu encontrar um fóssil, vou querer que ele se chame *Nisiaflorestus denisemendesi* – disse, baixinho, Sapo, mas não tão baixinho que a professora homenageada não conseguisse ouvir. Desta vez, envaidecida, Denise não estrilou, apenas sorriu com um leve movimento de lábios.

\* \* \*

Os alunos estavam tão entretidos com a explicação de Rachel e Saulo que nem perceberam a aproximação de um homem calvo com uma barba grande. Ele se dirigiu à diretora, que estava perto de uma estátua da praça.

– Com licença. Célia Regina é você? Sou Tozzini, João Tozzini, repórter do *Correio Paulista*. Falamos agora há pouco pelo telefone. Preciso entrevistá-la sobre o roubo ao museu.

Agatha ficou entusiasmada com a chegada do jornalista. Repórteres investigativos eram sempre bons protagonistas de histórias de suspense. Um de seus personagens preferidos era a destemida jornalista

Barbara Benton, de *Lábios mortais* e mais uma série infinita de continuações. Ela começava a apurar uma notícia e, quando se dava conta, já estava envolvida num grande mistério.

— Ah, claro, claro — Célia Regina ficou um pouco nervosa com a materialização do jornalista ali à sua frente. — Só sei que já são quase doze horas de terror. Está com pressa ou podemos esperar acabar a apresentação aqui?

— Se você não se importar, quero publicar logo essa notícia — pediu Tozzini, conhecido pelas reportagens de fôlego que fazia pelo interior do estado. — Ainda mais que um fato está me intrigando muito: este é o quarto desaparecimento de fósseis de dinossauros no estado de São Paulo em menos de dois anos. Todos os casos foram muito semelhantes.

— Quarto? — espantou-se a diretora. — Não tinha me dado conta. Mas agora, puxando pela memória, vejo que foram quatro mesmo.

— Sim, tivemos os roubos de partes de dinossauros em Uchôa, Marília, Rio Claro e, agora, Monte Alto — enumerou o jornalista. — Aliás, Monte Alto era a única que faltava entre as cidades do interior com importantes descobertas paleontológicas.

Os alunos do Nísia Floresta deixaram a paleontóloga falando sozinha e passaram a ouvir a conversa dos dois boquiabertos e preocupadíssimos. Célia Regina percebeu os ouvidos curiosos. Pediu que Rachel e Saulo continuassem a apresentação sem ela. Desculpou-se outra vez e convidou Tozzini a acompanhá-la até a padaria da praça.

Para ganhar tempo, os dois foram conversando no caminho.

– Você também é paleontóloga? – perguntou o repórter.

– Não, não. Nem gosto desse negócio de procurar ossos. Tanto que, no açougue, só compro frango desossado – disse, soltando uma risada artificial. – Sou diretora do museu e também presido a Amupesp há quase três anos.

– O que significa Amupesp?

– Associação dos Museus de Paleontologia do Estado de São Paulo.

– Interessante. Nunca tinha ouvido falar – ele continuou tomando nota.

Ao entrarem na padaria, Tozzini olhou para trás e ficou com a leve impressão de que já tinha visto Saulo alguma vez em outro lugar. E ele se orgulhava de ser um bom fisionomista.

# LAGARTOS ATERRORIZANTES

– Vamos continuar? – Saulo perguntou assim que Célia Regina saiu. Queria evitar a todo custo uma dispersão de atenção generalizada. Dirigindo-se a Rachel, sugeriu que eles continuassem respondendo a perguntas dos alunos.

Deco foi o primeiro a levantar a mão, como sempre fazia em sala de aula:

– Teve *Tyrannosaurus rex* em Monte Alto?

– Esta é uma pergunta que sempre fazem – começou a responder Saulo. – O único que passou por aqui foi numa sessão de cinema no Cine Guarany. Ficou em cartaz por três semanas.

O braço direito da diretora esboçou um sorriso com a própria piada e mostrou pela primeira vez seus dentes. Prosseguiu, então, com a resposta correta:

– Os *Tyrannosaurus* viveram na América do Norte. Por isso, fizeram tanto sucesso no cinema norte-americano. No Brasil, não. Nós tivemos outros dinossauros incríveis por aqui, como o abelissauros, bípede de grande porte, que se assemelhava ao *Tyrannosaurus rex*.

Tinha sete metros de comprimento e cinco metros de altura. Ele dava corridas curtas e se alimentava de dinossauros mortos e de animais menores. Já o *T. rex* não corria. Isso foi invenção de Hollywood.

E passou a desfilar uma longa lista de "sauros": celurossauro, espinossauro, plateossauro... Falou também no carnotauro, cujo nome significa "touro carnívoro", no *Staurikosaurus*, um dos primeiros dinossauros no nosso planeta, e o *Titanosaurus*, já citado anteriormente pela educadora.

– O celurossauro foi um raro exemplo de dinossauro que viveu no Brasil no período Jurássico – explicou Rachel. – O período Jurássico ocorreu há duzentos milhões de anos. Ele era bípede e carnívoro. Há pegadas deles em Botucatu e Araraquara, outras duas cidades do interior de São Paulo.

A professora Denise olhou para trás e viu que Tito estava mexendo no celular:

– Posso saber o que você está fazendo?

– Transmitindo a palestra ao vivo para os meus seguidores, professora. A audiência está ótima.

– Desliga isso agora mesmo – ordenou ela.

Ele obedeceu. Os alunos seguiam perguntando:

– O que significa esse "sauro" que aparece no nome de todos? – perguntou Yumi, a única que estava fazendo anotações num caderninho.

— *Saurios* vem do grego e significa "lagarto" — respondeu Saulo.

— Quem inventou esse nome foi um cientista inglês chamado Richard Owen, em 1841 — completou Rachel. — Ele criou o nome *"deinos-saurios"*, que em grego significa "lagarto terrível", para se referir a esses temidos animais pré-históricos.

Depois da explanação, Deco resolveu fazer um outro comentário. O garoto tinha nascido em João Pessoa e havia se mudado para São Paulo dois anos antes:

— Oxe, a Paraíba tem uma cidade cheia de pegadas de dinossauros, chamada Sousa, que visitei também com a minha antiga escola.

— Bem lembrado... Qual é mesmo seu nome? — perguntou Rachel.

— Anderson, mas todo mundo me chama de Deco.

— Olha, Deco, os vestígios mais antigos de dinossauros no Brasil são datados de 1897. As pegadas de um iguanodonte foram descobertas por um agricultor perto de Sousa, na Paraíba. Por isso, a região ganhou o nome de Vale dos Dinossauros.

— É importante dizer que dinossauros viveram em diversas partes do território brasileiro, desde a região amazônica até o Rio Grande do Sul — complementou Saulo. — Tem um museu incrível em Peirópolis, que fica em Uberaba, Minas Gerais. Um dia, eu ainda vou trabalhar lá.

– Quem foi que matou os dinossauros? – foi a vez de Agatha perguntar, sempre interessada em questões misteriosas.

– Há dezenas e dezenas de teorias sobre a extinção dos dinos, e os cientistas não chegaram até hoje a uma conclusão – prosseguiu Saulo. – A teoria mais aceita é a de que um meteoro gigante se chocou contra a Terra.

Rachel aproveitou a pausa que Saulo fez para recuperar o fôlego e continuou a explicação:

– O impacto do meteoro criou um grande desequilíbrio ecológico na Terra, acentuado pelo efeito estufa. Com o aquecimento, as plantas não sobreviveram, por isso os dinossauros herbívoros morreram. Como eles eram o alimento dos dinossauros carnívoros, estes também morreram. Foi uma extinção em cadeia.

– Bem, espero que a Agatha só queira investigar quem roubou o museu, e não quem matou os dinossauros também – Sapo cochichou no ouvido de Yumi.

# PAZINHA PARA O "GELADOSSAURO"

Terminada a palestra, Sapo convenceu a professora a deixá-los ir até a sorveteria com a promessa de que voltariam para o hotel logo em seguida.

– Vou confiar nos quatro de novo – disse ela. – Afinal, vocês se comportaram muito bem esta manhã. Como não almoçaram, devem estar com fome. Comam alguma coisa também, um pão de queijo, uma coxinha, uma empada.

– Voto em "todas as alternativas anteriores" – brincou Agatha.

A sorveteria ficava na principal rua de comércio, em frente ao Cine Guarany, atualmente o único da cidade, que tinha sido citado por Saulo minutos antes. O quarteto se instalou numa mesinha na calçada e se refestelou com taças de sorvete cheias de calda e confeitos – "perfeitas para publicar nas redes sociais", vibrou Tito.

– É a primeira vez que venho para o interior, sabiam? – declarou Sapo. – Meu avô nasceu numa cidade chamada Dois Córregos, mas saiu muito criança e nunca mais voltou para lá.

– Minha família é de Bastos, que recebeu muitos imigrantes japoneses – disse Yumi. – Vou duas vezes por ano visitar meus avós. Bastos é a "capital do ovo". A Festa do Ovo é a mais importante da cidade.

– Já imaginaram uma "Festa do Ovo de Páscoa"? – brincou Tito.

– Nem me fale em ovo de Páscoa – reagiu Agatha. – Meu estômago estava roncando de tanta fome. Ter ficado sem almoço hoje foi a pior ideia do mundo. Estou adorando o meu "geladossauro".

– "Geladossauro"?!? – Tito arregalou tanto os olhos que os óculos retangulares quase despencaram de seu rosto.

– É. Você viu o tamanho disso? É gigante.

– Então é um "sorve-T-rex" – brincou Yumi.

– É a primeira vez que saio de São Paulo – entusiasmou-se Agatha. – Estou amando essa aventura. Se o museu estivesse funcionando, acho que não teria a mesma graça.

Sapo interrompeu a colega e pediu que os amigos parassem de falar e prestassem atenção numa cena do outro lado da rua.

– Olhem quem está saindo daquela loja de material de construção.

Era Gino, o bilheteiro do Museu de Paleontologia, deixando a loja com uma pá enrolada num saco plástico preto. Pelo menos o formato era o de uma pá.

— Por que ele está comprando uma pá? — Sapo coçou a cabeça.

— Deve ser para ajudar você a tomar esse sorvete gigante aí — riu Tito.

— Ele trabalha com paleontólogos e, pelo que sei, paleontólogos usam pás — ponderou Agatha.

— Parece meio estranho — Sapo continuou com ar cabreiro.

— Estranho seria se ele estivesse comprando um vidro de azeitonas numa loja de construção — replicou Tito.

— Será que ele está querendo cavar um buraco para esconder alguma coisa? — a pulga continuava atrás da orelha de Sapo.

— Você acha que ele está por trás desse roubo? — quis saber Agatha. — Nos livros policiais, a gente aprende a nunca deixar uma pista de lado, por mais insignificante que ela possa parecer na hora. Os escritores são muito dissimulados.

— Ele tem a chave do museu, ele conhece os fósseis mais raros e, na condição de cadeirante, acredita que ninguém desconfiaria dele por ser mais difícil praticar esse tipo de roubo — enumerou Sapo.

— Não é melhor falar com a professora antes de continuarmos com essa investigação? — perguntou Tito. — Podemos estar mexendo com gente perigosa.

— Duvido que a Denise vá acreditar no nosso sexto sentido — disse Sapo. — Ela nunca dá a mínima quando digo que o Pitanga comeu a minha lição, e quase sempre é verdade. Bem, às vezes é. Ou melhor, uma vez foi.

— Saulo também tem a chave do museu e conhece os fósseis mais raros — acrescentou Yumi.

— Ah, por falar em Saulo, quando fomos expulsos do museu, ele deixou cair um papel — lembrou Sapo.

— Está aqui no bolso da minha bermuda.

— O que tem nesse papel? — perguntou Agatha.

— Um quadrado muito malfeito, com indicações dos nomes das cidades em que apareceram dinossauros.

— Deve ser o rascunho do mapa que ele mostrou agora há pouco na praça, só isso — Tito jogou um balde de água fria na conversa.

— Mas tem um detalhe que ainda não contei para vocês — Sapo fez suspense, como se estivesse num episódio de novela e quisesse que todos ficassem curiosos pelo capítulo seguinte.

# PARQUE PALEONTOLÓGICO PAULISTA

— Nem foram tantas peças assim, mas foram as mais raras — lamentou Célia Regina, enquanto andava pela rua Nhonhô Livramento, a caminho da delegacia. Tozzini pediu que ela indicasse a direção, mas a diretora gentilmente se ofereceu para levá-lo até lá. O sol forte tinha dado uma trégua naquele momento. Havia até algumas nuvens mais escuras no céu.

— A senhora tem algum suspeito? — questionou o jornalista do *Correio Paulista*.

— Difícil dizer. A delegada me fez a mesma pergunta esta manhã. Não sei. Talvez o ladrão ou os ladrões sejam de fora de Monte Alto. Podem fazer parte de uma quadrilha internacional.

— Quadrilha internacional? — questionou Tozzini.

— Sim, e por que não? — continuou a diretora. — Os fósseis brasileiros têm um valor internacional muito alto. Sei que costumam dar mais importância aos dinossauros das regiões Nordeste e Sul, mas os dinossauros do interior de São Paulo atraem a atenção de paleontólogos do mundo inteiro. Nosso museu é uma referência mundial. Não duvido que isso atraia a cobiça de contrabandistas e colecionadores de ossos.

Ela terminou a conversa com um conselho ao experiente jornalista:

— Se eu fosse você, colocaria em sua reportagem esta possibilidade: uma quadrilha de outro país agiu em Monte Alto. E deve ter agido também em Marília, em Uchôa e em Rio Claro. Foi gente muito profissional que fez isso. Não é coisa de amadores.

\* \* \*

No saguão do Optimum Plaza, na volta da palestra, enquanto os garotos e as garotas subiam para os quartos, Denise elogiou o monitor da Dino Tour pela forma como ele conseguiu tornar a visita agradável e proveitosa.

— O passeio pela cidade de manhã foi muito gostoso e a palestra acabou sendo bem esclarecedora. Apesar dos pesares, acho que todos voltarão felizes para São Paulo amanhã.

Alan não conseguia disfarçar seu encanto e sorriu para os enormes olhos verdes da professora — e notou que, pela primeira vez no dia inteiro, estava sozinho com ela.

— Os alunos ficaram decepcionados quando viram o museu fechado — continuou ela. — Eu mesma estava prevendo uma série de problemas com os pais. Mas isso será bem minimizado agora.

— Também fiquei muito chateado com o museu fechado — solidarizou-se Alan. — Acredita que não é a primeira vez que isso me acontece?

— Como assim? — estranhou Denise.

— Acho que sou meio pé-frio. Por uma dessas grandes coincidências, eu também estava em excursões nas cidades de Marília, Uchôa e Rio Claro quando furtos semelhantes aconteceram.

— Tá brincando, né? Que horror — espantou-se a professora, mas num tom brincalhão. — Se eu soubesse de sua fama, teria pedido para a Dino Tour mandar outro monitor.

Alan riu, Denise fez o mesmo. Foi uma sensação gostosa a de rirem ao mesmo tempo. O súbito encantamento e a vontade de se exibir para seu alvo pareciam ter destravado a língua do monitor.

— Por causa disso, eu estou saindo da Dino Tour — disparou Alan. — Com todos esses roubos, os museus do interior de São Paulo perderam importância. As excursões começaram a rarear.

– Mas o que você vai fazer? – preocupou-se ela.
– Investidores me chamaram para prestar consultoria num parque temático que estão montando também no interior do estado: o Parque Paleontológico Paulista.
– O nome é muito interessante – elogiou Denise.
– Soa bem, é meio cinematográfico.
– Ele está terminando de ser construído em Valinhos, pertinho da capital – prosseguiu Alan. – Gostaria muito de convidá-la para a inauguração.
– Será um prazer – Denise sentiu-se importante.
– Quando será?

Os dois estavam tão inebriados um com o outro que nem perceberam que Agatha, Yumi, Tito e Sapo tinham voltado da sorveteria e passavam por trás deles, a tempo de ouvir o final da conversa.

– Parque Paleontológico Paulista – Agatha arregalou os olhos. – Estão sentindo cheiro de fumaça?
– Não olhem para mim, não fui eu – disse Sapo.
– O que estou querendo dizer é que nenhum detalhe pode ser desprezado.

*  *  *

Todos os quartos do Optimum Plaza estavam ocupados. Isso obrigou o jornalista Tozzini a se hospedar em Jaboticabal. Depois de ter conversado com a diretora Célia Regina e com a delegada do caso (que foi extremamente lacônica), ele rumou até a cidade vizinha para escrever sua reportagem e descansar.

 Logo que entrou na rodovia José Pizarro, a SP-305, Tozzini reparou que um veículo todo preto seguia atrás dele. Até diminuiu um pouco a velocidade para ser ultrapassado. O veículo continuava atrás e não dava sinais de querer passar. Só dez, doze quilômetros depois, o carro emparelhou com o de Tozzini. Os vidros escuros o impediam de saber quem e quantos estavam ali dentro. O jornalista teve a impressão de que alguém o fotografava daquele carro. Depois disso, o misterioso automóvel acelerou furiosamente e logo desapareceu no horizonte. Tozzini reparou que o carro estava sem a placa traseira. Será que aquilo era algum tipo de ameaça ou tratava-se apenas de um motorista maluco?

 Vinte minutos depois, ele estacionou no Oásis Park, onde o secretário de redação havia lhe reservado um quarto. A decoração era bem espartana. Tinha, ao lado da cama e de frente para a janela, uma mesinha e uma cadeira. Ele apanhou o bloco de anotações e foi digitando o texto que já tinha arquitetado na sua cabeça.

 Antes de publicá-lo no site do jornal, Tozzini resolveu fazer uma pesquisa na internet para relembrar os casos dos roubos anteriores em outros museus de paleontologia. Poderia ser um boxe para sua matéria. O primeiro foi no Museu de Uchôa. Depois fósseis foram tirados do Museu de Paleontologia de Rio Claro. A reportagem mais recente, assinada por ele mesmo seis meses antes, tinha sido no Museu de Paleontologia de Marília. Todos os roubos aconteceram de uma forma semelhante: de madrugada, os sistemas de segurança não funcionaram, e só as melhores peças foram levadas. No caso de Marília, a reportagem do *Correio Paulista* era ilustrada com uma foto da fachada do museu, num prédio que já tinha sido uma biblioteca. Havia também uma foto da equipe na área expositiva. Tozzini ampliou a imagem em seu computador para ver bem os rostos de cada um. Lembrou-se de onde tinha visto Saulo antes. Ele trabalhava em Marília naquela época e usava barba.

* * *

Célia Regina tirou o celular da bolsa e viu que havia três ligações não atendidas de um repórter do jornal *O Imparcial*. Aparecido Marcelo pedia que a diretora retornasse com urgência sua ligação. Ele estava escrevendo uma reportagem sobre o roubo e gostaria

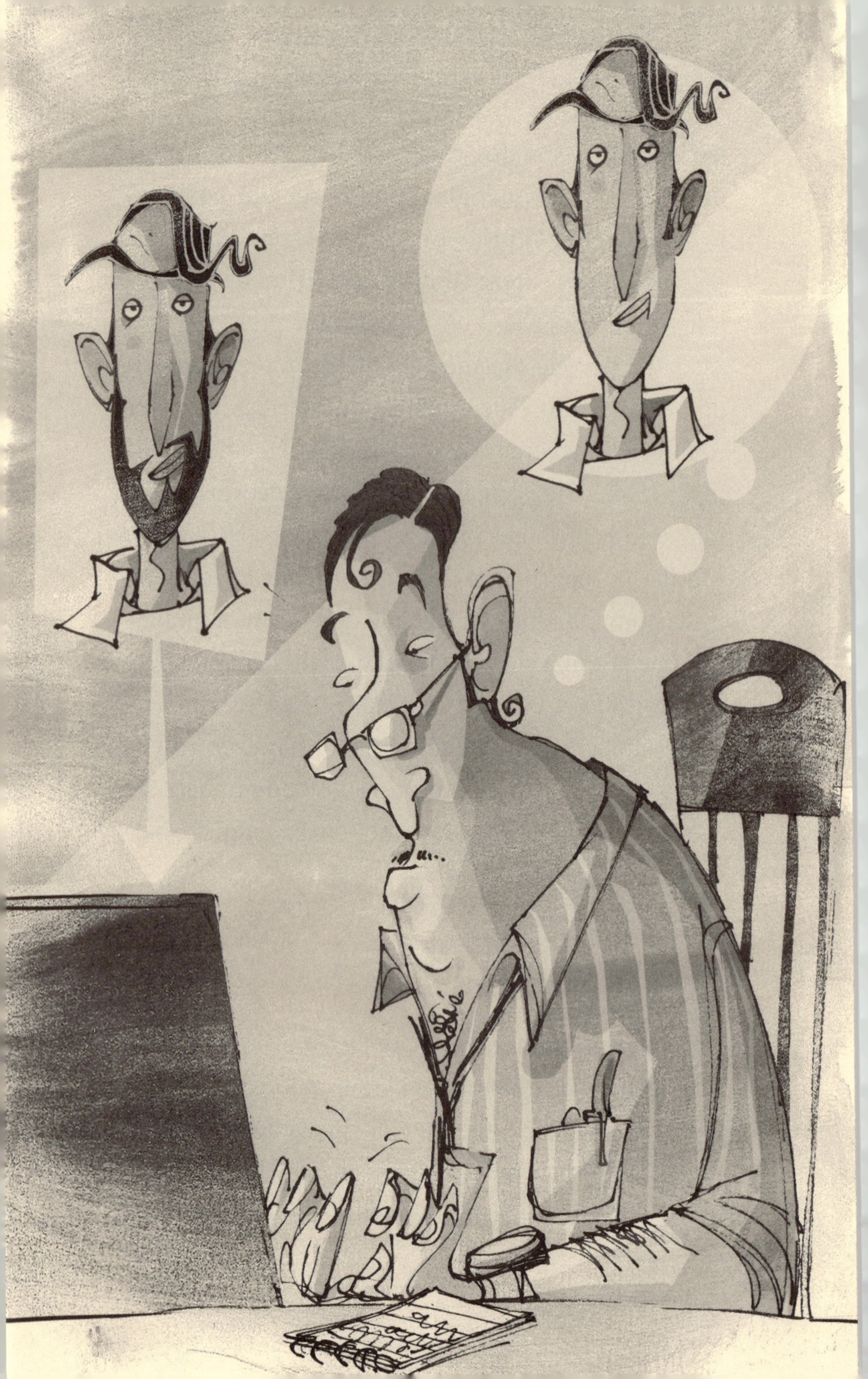

de entrevistá-la. A cidade inteira só falava nisso. No caminho para casa, Célia Regina foi interpelada por bastante gente. Ao passar em frente à lotérica, seu Orville gritou o nome dela lá de dentro. Ela parou e ele saiu para conversar.

— Que coisa horrível, dona Célia — lamentou ele.
— Levaram nossos dinossauros, é?
— Parece um pesadelo mesmo, seu Orville. Nunca imaginei que isso pudesse acontecer numa cidade tão pacata quanto a nossa. Deve ter sido alguém de fora.
— Pois eu estava justamente falando sobre isso com o Júnior. Eu disse: "Quem fez isso foi um forasteiro. Monte Alto é uma cidade de gente do bem. Ninguém daqui faria uma monstruosidade dessas".
— Confio na polícia. Aqui, muito entre nós, parece que eles encontraram uma pista bem importante. Só não divulgaram nada para não atrapalhar as investigações — disse Célia Regina.
— Uma pista?
— Exato, seu Orville. Os ladrões não foram cuidadosos e deixaram cair uma pista que irá levar a polícia até eles. Questão de tempo.
— As partes de dinossauros que levaram eram muito valiosas?

— Eram, sim. Olha, seria como ganhar na Mega-
-Sena.

— Valha-me, céus! — o dono da lotérica levantou as mãos para o alto.

# SUSPEITOS INSUSPEITOS

Diante da nova descoberta, o quarteto resolveu se reunir em caráter de emergência de novo no saguão. Agatha estava particularmente maravilhada com participar de uma investigação de verdade. Era como se estivesse dentro de um dos livros que enchiam a estante de seu apartamento em São Paulo. Ela pediu a palavra:

— Em *Um cadáver cadavérico*, que comprei na última Bienal do Livro, o detetive Phil Bill arranca uma folha do seu caderno e começa a escrever os nomes dos personagens e o que cada um fez para ser considerado suspeito. Vamos lá!

Agatha fez exatamente o mesmo. Tirou uma folha do caderno e começou a escrever:

Suspeito 1 – Gino – comprou uma pá.

Suspeito 2 – Alan – inauguração de um parque de dinossauros.

Suspeito 3 – Saulo – desenho de um mapa que caiu do bolso.

— São as pistas que temos até agora — disse Agatha. — Nossos três suspeitos.

— Não sei, não — Tito ponderou. — Talvez estejamos influenciados demais por essa sua fixação em livros policiais e todos pareçam suspeitos.

— Acho que Gino não fez nada de errado ao comprar uma pá — continuou Yumi. — Além de bilheteiro, ele deve ser o responsável pelo setor de compras do museu e algum paleontólogo pediu uma pá.

— É verdade — concordou Sapo. — Lembra que vimos uma pá toda detonada quando chegamos ao museu hoje cedo? Estavam mesmo precisando de uma nova.

— E o monitor? — perguntou Agatha, mordendo a ponta da caneta.

— O que ele fez de errado, digo, além de ficar dando em cima de nossa professora de ciências? — riu Sapo. — E é impressão minha ou ela está com cara de apaixonada?

— Não está vendo que ele roubou os ossos para colocar todos nesse Parque Jurássico? — imaginou Agatha. — A nossa "profe" não pode namorar um ladrão.

— Calma, calma. Se fizer isso, Alan será preso, lembra o que o Gino falou? — explicou Yumi. — Não creio que seja tão burro assim. Esses parques costumam ter apenas aquelas réplicas de dinossauros mecanizadas. Alan pode sair também de nossa lista de suspeitos. Descartado.

— Sobrou o Saulo — lembrou Tito. — O mapa que caiu do bolso dele também não prova nada. Pode ser só um rascunho do mapa que eles nos mostraram na praça.

— Gente, o nome do cara é "Saulo". "Dinossaulo"... — brincou Sapo. — Isso não é suspeito?

— Sim, detetive Cebolinha — debochou Yumi.

— Mas não foi o Sapo que disse que tinha algo mais a contar? — lembrou Agatha.

— Tenho mesmo — Sapo fez um ar sério. — E é uma pista muito massa: Saulo estava usando luvas no museu, repararam?

— Luvas? — surpreendeu-se Agatha.

— Foi o que eu disse. Luvas. Quer que eu soletre?

— *Huuumm...* Qual é exatamente o problema de um paleontólogo usar luvas? — ponderou Tito.

— Vai dizer que vocês não acham isso suspeito? — surpreendeu-se Sapo. — Ele não quer deixar rastros, vestígios, provas.

— Que bobagem — disse o amigo. — Então vamos ter que mandar prender todos os goleiros do mundo.

— Ah, gente, vamos parar com isso — Yumi achou que o momento não era para brincadeiras. — O museu foi assaltado na noite passada, certo? Ele deve ter ficado com medo de misturar suas impressões digitais com as dos gatunos. Só isso.

— Bem, segundo nós mesmos, todos os suspeitos não têm motivos para serem considerados suspeitos — percebeu Tito. — Ou seja: não sobrou nenhum. Voltamos à estaca zero.

— Uma vez, na cozinha de casa, meu pai me disse uma frase que pode nos ajudar nesse momento: "O ladrão sempre volta ao local do crime" — Sapo explicou que tinha apanhado um pedaço de bolo na geladeira e tinha voltado para se servir de mais um.

— Sabe o que isso significa? — Yumi captou a mensagem. — Que teremos que voltar esta noite ao museu para nos encontrarmos com o ladrão.

Agatha e Yumi bateram-se as mãos.

— Passar a noite naquele lugar? — Tito hesitou e sentiu um arrepio. — Será mesmo que vale a pena passar por isso em troca de curtidas? Vá lá. Pensando bem, em troca de curtidas, topo qualquer parada.

— Amanhã de manhã, nós iremos embora — lembrou Yumi. — Tem que ser esta noite. Vamos jantar agora com a turma. Na volta, subimos para os nossos quartos como se fôssemos dormir. Quando forem dez e meia, nós nos encontraremos lá embaixo. Muito cuidado para não fazer barulho no corredor. Ninguém pode nos ver saindo, entendido?

— Uau, me lembrou uma cena de... — Agatha tentou falar, mas foi interrompida no início da frase por Sapo:

— Você lê mesmo todos esses livros ou fica procurando os resumos na internet? E depois vocês dizem que eu tenho memória RAM.

Os três concordaram que o trocadilho de Sapo tinha sido horrível. Um dos piores de todos os tempos.

\* \* \*

Tozzini esperou alguns segundos até que o diretor do Museu de Paleontologia de Uchôa atendesse o telefone. O jornalista se apresentou e contou do roubo dos fósseis de Monte Alto.

— Já estou sabendo da notícia — disse ele.

Contou ainda que a reportagem publicada pelo site do *Correio Paulista* pouco antes já estava circulando num grupo de WhatsApp com paleontólogos.

— Pelo que soube, levaram as peças mais importantes — continuou o diretor do museu de Uchôa. — Todos os roubos foram feitos por profissionais. Não estamos falando de amadores, não. Eles sabiam exatamente o que levar.

— Há várias semelhanças entre o roubo desta noite e o roubo do museu de Uchôa, até hoje sem uma solução – relatou o repórter. – Posso lhe fazer algumas perguntas?

– Evidente que sim – respondeu o diretor. – Tudo aconteceu há um ano, talvez não consiga precisar uma ou outra coisinha. Mas espero poder ajudar. Quando a imprensa entra no caso, as autoridades se mexem. Do contrário, as investigações se arrastam e não levam a lugar nenhum. No meu caso, imagino que os ossos de dinossauros já estejam no exterior. Mas ainda temos tempo de salvar as peças de Monte Alto pelo menos.

– Verdade – concordou Tozzini. – Espero que consigamos fazer algo.

– Vamos lá – o diretor retomou o fio da meada. – Quais são as perguntas que você tem para mim?

– A primeira é bastante simples: um paleontólogo chamado Saulo trabalhava aí no museu na época do roubo?

\* \* \*

Denise voltou muito feliz para seu quarto. Tinha gostado da conversa com Alan. Para relaxar da tensão daquele dia tão tumultuado, os dois combinaram tomar alguma coisa depois que todos os alunos já tivessem jantado e estivessem recolhidos. Marcaram de sair do hotel às dez e meia. Antes de entrar no banho, ela deu uma espiada nas mensagens, nas redes sociais e também num portal de notícias. Encontrou a reportagem do *Correio Paulista* sobre o roubo ao museu de Monte Alto. Tozzini publicou a entrevista da diretora e a suspeita que ela tinha de que uma quadrilha internacional poderia estar por trás de tudo aquilo.

– A uma altura dessas, os pedaços de dinossauros já devem estar bem longe do Brasil – comentou ela para sua imagem refletida no espelho do banheiro.

# DEVEMOS NOS PREOCUPAR?

— Tem um pacote para você aí em cima da mesa — disse a mãe de Rachel assim que a filha chegou em casa.

O cheirinho da sopa de feijão tomava conta de toda a cozinha e se alastrava também pela sala. Rachel deu um beijo na testa da mãe e espiou o jantar, levantando as tampas das três panelas fumegantes no fogão.

— Sabe quem encontrei hoje na feira e me perguntou de você? — disse a mãe, Helena.

— Deve ter sido o seu Evaristo, o vendedor de caldo de cana. Eu ia sempre lá e agora não apareço há meses.

— Errou. Foi sua primeira professora, Andréa.

— Olha só, dona Andréa, há quanto tempo não a vejo.

— Pois ela já estava sabendo do furto do museu. As notícias correm numa velocidade impressionante aqui nessa cidade. O povo é lerdo para cobrar o prefeito, os vereadores. Mas tem a língua muito ligeira para falar de todo o resto.

— O que a senhora contou para ela, mãe?

— Disse que você tinha ido a uma festa em Matão e que dormiu na casa de uma amiga. Por isso, só tive notícias suas hoje na hora do almoço e que, sim, estava tudo bem.

— Pra que dar tantos detalhes, posso saber? Não podia ter respondido só que eu estava bem?

— Vai que ela pensa que você está envolvida nessa roubalheira. Melhor cortar a fofocaiada pela raiz.

— Sei não, mãe. Às vezes isso tem o efeito contrário. Você explica tanto que o outro acha que você está com alguma culpa no cartório.

Rachel apanhou a encomenda, disse que tomaria um banho antes do jantar e se trancou no quarto.

Pacotes que chegam assim pelos Correios causam a ilusão de serem presentes, quando na verdade tudo já tinha sido pago adiantado por ela. Era um martelo petrográfico, peça pequena, muito usada por paleontólogos na hora de quebrar rochas. Tinha uma picareta de um lado e um martelo do outro. Rachel foi obrigada a comprar um novo porque o seu havia desaparecido numa recente visita ao museu de Marília.

Antes de ligar o chuveiro, ela resolveu conferir as mensagens de WhatsApp. Na hora da palestra, Rachel tinha colocado o aparelho em modo avião e esqueceu completamente de reativá-lo. Diversas notificações pintaram na tela. Por coincidência, o telefone começou a tocar no mesmo instante. Ela tinha certeza de que alguém do grupo iria entrar em contato.

— Oiê, acabei de chegar em casa — Rachel atendeu. — Estava entrando no banho. O dia foi puxado.

— Leu a reportagem no site do *Correio Paulista*? — perguntou a voz do outro lado da linha.

— Ainda não.

— Coloquei o link no nosso grupo.

— Vou ler — disse ela. — Aliás, vi o jornalista hoje à tarde, ele estava lá na praça, entrevistou a Célia. Tentei escutar a conversa dos dois para descobrir o que ele sabe sobre o roubo, mas aqueles adolescentes não paravam quietos um minuto.

— Devemos nos preocupar com a entrada da imprensa no circuito? — o interlocutor deixou transparecer uma certa inquietação.

— Difícil dizer... — disse a paleontóloga. — Pode ser que sim, pode ser que não. Só sei que não podemos perder tempo.

— Qual é seu plano?

— Vou tomar uma chuveirada primeiro e ligo daqui a pouco — disse Rachel. — A água quente sempre me ajuda a ter ideias.

— Vai lá, mas não demore no banho.

# OPERAÇÃO DINOSSAURO DE TROIA

A turma do Nísia Floresta se empanturrou de pizzas num rodízio chamado Vesúvio. Sapo e Tito ficaram disputando para ver quem comia mais fatias. Agatha, assustada com o apetite dos meninos, comentou com Yumi:

— Será que eles esqueceram que ainda temos trabalho pela frente?

— O bom é que eles não precisarão ir andando, podem ir rolando — Yumi cobriu o sorriso com a mão em frente à boca.

\* \* \*

De volta ao hotel, Denise deu as últimas instruções para a turma:

— Hora de dormir, pessoal. Vamos acordar às seis e meia amanhã e pegar a estrada cedo.

— Seis e meia?!? — resmungou a maioria.

— Sim. Vou ligar para todos os quartos, não deixem de atender. Às sete horas, quero todos aqui no térreo para o café da manhã. Todos descerão com suas mochilas ou malas às quinze para as oito. O ônibus sairá às oito em ponto. Portanto, a partir desse instante, nenhum barulho nos quartos, combinado? Lei do silêncio total. Não quero saber de ninguém no quarto dos outros. Vou inspecionar os corredores.

Agatha, Yumi, Sapo e Tito se olharam e fizeram cara séria. Faltavam vinte minutos para eles saírem e invadirem o museu. Eles batizaram essa aventura de Operação Dinossauro de Troia.

\* \* \*

– Quando o trabalho estará terminado? – disse a voz do outro lado da linha, bastante agitada. – Nas vezes anteriores tudo saiu perfeitamente bem. Você não vai fracassar na última noite, não é mesmo?

– Claro que não – respondeu Gino. – Eu me atrapalhei hoje à tarde com quatro garotos que passaram pelo museu fora de hora. Tive que me livrar deles e, depois disso, consegui ir até a loja e comprei a pá.

– É bom mesmo que tudo saia direito desta vez. Pior é que tem um jornalista desenterrando as histórias dos outros museus. Isso não é nada bom, você sabe. Estou indo para o museu e esperarei você lá.

– Sim, sim. Chegarei lá na hora marcada.

\* \* \*

— Você conseguiu descobrir mais fotos desses museus de paleontologia? — Tozzini estava ao telefone com o chefe do arquivo de imagens do jornal.

— Sim, consegui — respondeu ele. — Não tem muita coisa. Vou mandar o que achei para o seu e-mail. Mas vale você ver as redes sociais dos museus também.

Dali a alguns segundos, as mensagens apareceram na tela do repórter. Ele começou a observar minuciosamente as fotografias. Percebeu rostos conhecidos em algumas delas. Apanhou o bloco de anotações e começou a juntar alguns pontos. Na cabeça dele, a história começava a ganhar forma e fazer todo o sentido. Mas ainda havia um ou outro elo perdido.

Nesse momento, notificações de mensagens começaram a pipocar na tela de seu celular. Quem estava escrevendo mandava uma frase por mensagem. Surpreso, Tozzini respondeu:

"Olá. Quem é você? Como conseguiu meu telefone?"

Esperou alguns segundos, lendo na tela a palavra "digitando", até que a resposta apareceu. Foi a vez de Tozzini escrever:

"Acabei de falar com ele. O que você sabe sobre isso?"

Quando a nova resposta chegou, o repórter quase caiu de costas. Era tudo o que ele precisava.

"Podemos nos encontrar daqui a meia hora? É o tempo de eu chegar aí."

Ligou em seguida para o chefe de reportagem e avisou:

— Estou voltando agora mesmo para Monte Alto. Não quero criar expectativa, mas acho que tenho um furo de reportagem nas mãos.

# DE VOLTA AO LOCAL DO ROUBO

O corredor estava vazio. Denise apertou o botão do elevador para descer. Dois andares abaixo, Yumi fez a mesma coisa no mesmo instante. Sem terem combinado nada, os quatro estavam com roupas escuras – embora a camiseta de Sapo trouxesse uma estampa bem chamativa de uma banda de heavy metal. Tito era o único que tinha levado a mochila e uma lanterna. Estava também com um gorro de tricô.

– Esse é o Tito que eu conheço – gargalhou Sapo, apontando para o gorro. – Prefere passar vergonha para não sentir frio.

– Isso é bullying, Sapo – recriminou Agatha.

– Me chamar de Sapo também é.

O elevador parou primeiro no quarto andar. Denise entrou e apertou o botão do térreo. Mas, antes que a porta se fechasse, ela lembrou que tinha esquecido o celular em cima da pia do banheiro e resolveu voltar. Foi a sorte dos quatro, que entraram no elevador vazio e saíram pelo saguão sem serem vistos. O recepcionista estava atendendo um casal de turis-

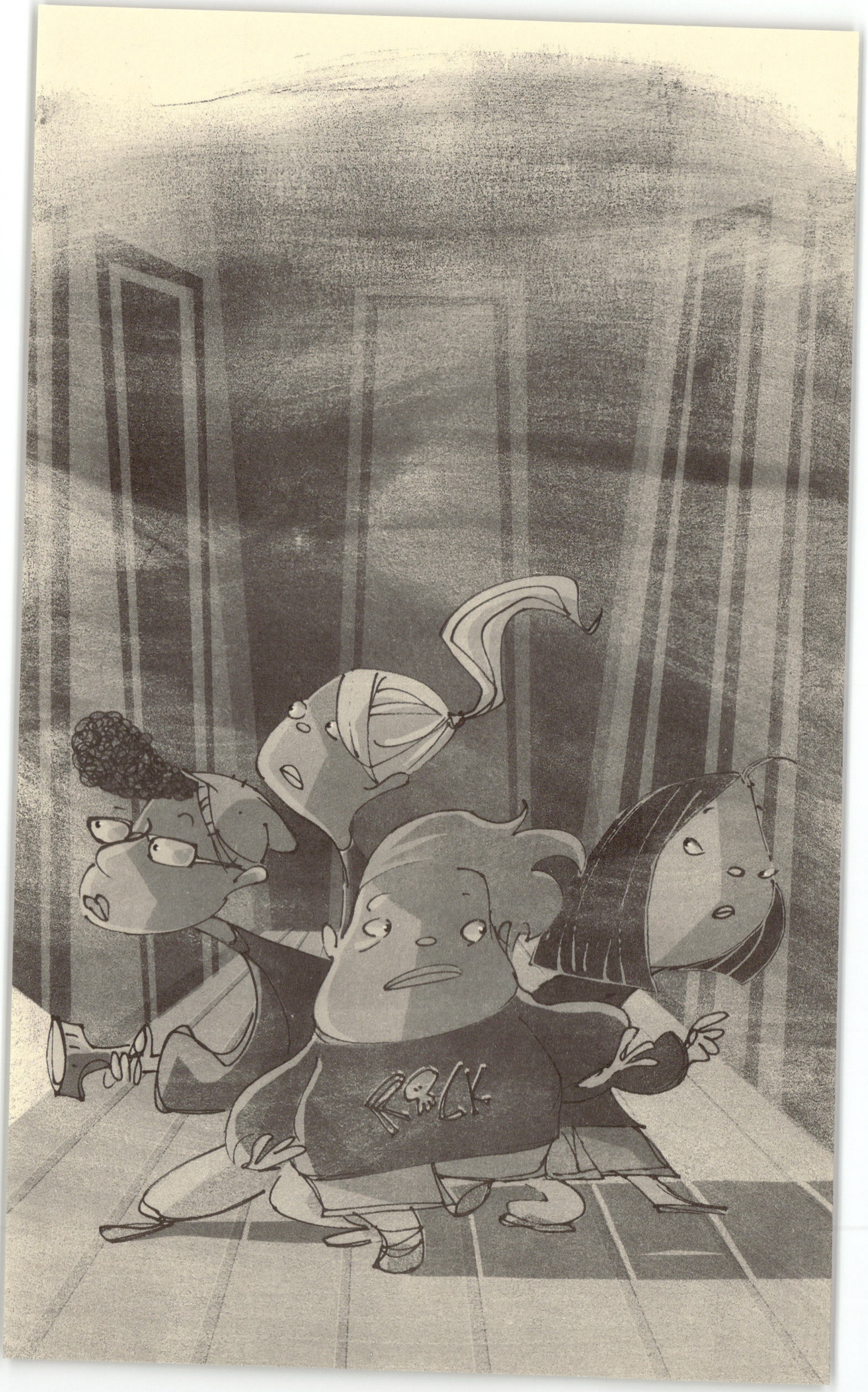

tas estrangeiros recém-chegados e não prestou atenção na escapadinha do quarteto.

* * *

Denise chegou ao saguão segundos antes de Alan. Ela se surpreendeu quando o viu entrando pela porta do hotel todo arrumado, sem aquela roupa puída e desbotada de monitor.

– Boa noite, Denise, boa noite – Alan deu um beijo no rosto dela. – Desculpe o atraso. Fui buscar uma encomenda e me atrasei uns minutinhos.

– Acabei de chegar aqui, não se preocupe – ela reparou que ele havia caprichado também no gel no cabelo e no perfume. – Encomenda do quê?

– Encomendei a réplica de um dromeossaurídeo a um paleoartista aqui de Monte Alto. O cara é genial. Trabalha para o museu há anos. As réplicas são tão perfeitas que parecem verdadeiras. Ele está fazendo no momento algumas peças para colocar no Parque Paleontológico Paulista.

– Posso ver? – pediu Denise.

– Claro – concordou Alan. – Eu te mostro lá no bar. O crânio do dromeossaurídeo está no porta-malas do meu carro.

– Tem algum bar aberto a esta hora, Alan?

— Tem sim. Muito antigamente, os lugares fechavam cedo aqui no interior. Vocês, da capital, diziam até que dormíamos com as galinhas. Agora não mais. As cidades estão ganhando muita vida noturna e isso é ótimo. Vamos no Botequim do Munhoz. É de um casal de espanhóis, Miguel e Ignez. Fica a duas quadras daqui, na direção do museu. Você vai gostar de lá, tenho certeza.

— Você acertou em cheio. Sou descendente de espanhóis por parte de mãe.

Denise tomou o cuidado de avisar o recepcionista para onde estava indo e deixou o número de seu telefone caso acontecesse algo com um dos alunos. Ouviu que o casal que estava preenchendo a ficha de hospedagem falava numa língua diferente, que não soube identificar. Aquilo chamou sua atenção. Achou curioso que estrangeiros tivessem vindo passear numa pequena cidade do interior de São Paulo. "Será que foram atraídos justamente pelos dinossauros?", se perguntou.

*  *  *

Estava bem escuro nas cercanias do museu. As luzes da estação rodoviária ajudavam a não deixar o prédio num completo breu. Pela primeira vez, os quatro olharam para o céu e ficaram deslumbrados com a noite estreladíssima, algo que não viam em São Paulo. A trilha sonora vinha do som monótono dos grilos. Quando conseguiu enxergar o prédio, Yumi percebeu que havia luzes acesas no segundo andar.

— Bingo! — vibrou Sapo. — Eu não disse que o criminoso sempre volta ao local do crime?

— Que nada — corrigiu Tito. — Você disse que foi seu pai que disse isso.

— É verdade, mas eu sou o herdeiro da frase e, portanto, posso usá-la como sendo minha — rebateu Sapo.

— Mas, se levou tudo ontem, que diabos o ladrão veio fazer aqui hoje? — Yumi estava com um ponto de interrogação enorme na cabeça.

— Apagar vestígios que ele acredita que deixou — deduziu Agatha, ajeitando a franja que cobria metade de sua testa. — Impressões digitais, pegadas, coisas assim.

— Ei, vocês viram o filme *Uma noite no museu?* — perguntou Tito.

— Pra que você quer saber isso agora? — estranhou Yumi.

— Pode ser que, à noite, os dinossauros saiam de seus lugares e façam uma grande festa lá dentro — respondeu o garoto.

— Ah, é osso, hein, Tito — Sapo saiu correndo na

frente. – Vamos até lá para desmascarar esse pilantra que arruinou nossa excursão de hoje.

Começaram a subir o gramado quase em fila indiana. Na pressa, Sapo tropicou em algo bem pontiagudo fincado na terra. Não conseguiu ver o que era no escuro. Ele só percebeu que o tropeção acabou rasgando a lateral de seu tênis.

– Que droga! – berrou ele, tirando o tênis do pé – Ferrou! Meus pais vão ficar bravos comigo. Esses tênis custaram uma bica. Eles dizem que não cuido das minhas coisas.

– Coloca ele de novo no pé e vamos seguir – pediu Agatha.

– Não vai rolar, ele vai machucar meu pé. – Sapo mostrou a parte solta. – Que culpa eu tenho se um tronco de árvore aparece na minha frente?

– Não reclame. Ou você quer um beijinho para sarar? – ironizou Yumi.

– Beijo não – torceu o nariz Sapo. – Você quer que eu vire um príncipe?

– Calma, Sapo – Tito procurou acalmá-lo. – Nós vamos voltar como heróis. A escola vai te dar tênis novos e um busto por sua bravura.

– Espero que seja verdade – disse Sapo, tirando o tênis do outro pé para ficar com os dois descalçados.
– Vamos seguir em frente.

\* \* \*

O Botequim do Munhoz estava movimentado naquela noite. Denise e Alan ocuparam uma das seis mesinhas da calçada, de onde podiam apreciar bem a lua cheia. Pediram uma jarra de sangria, especialidade da casa. Dava para ouvir também clássicos da MPB, na voz e no violão de um cantor bem jovem, equilibrando-se num banco alto no fundo da casa.

– Você gosta desse trabalho de professora? – perguntou Alan.

– Ah, sim, eu nasci para dar aula – respondeu ela. – Adoro ensinar. Dá trabalho, claro. De vez em quando, cansa um pouco. Essa geração está cada vez mais questionadora, mais inteligente, mais tecnológica. É um desafio e tanto ser professor nos dias de hoje, mas eu sou movida a desafios.

– É mesmo? Então eu tenho uma proposta de um novo desafio. Acho que você poderia fazer parte da equipe do novo parque dos dinossauros. Sei que ele terá um núcleo educativo, que irá receber justamente visitas escolares. Você poderia cuidar de todo o conteúdo e treinar os monitores.

– Mas você nem me conhece direito, Alan – estranhou Denise. – Você nunca viu uma aula minha, nós nos conhecemos há menos de vinte e quatro horas.

— Eu vi como você se comunica com os alunos e como eles respeitam suas ordens — insistiu Alan, com o coração bastante acelerado.

— Agradeço bastante seu convite, mas esse projeto deve ser muito grande para você decidir isso sozinho, não é mesmo?

— Vou falar sobre você com os diretores — prometeu o monitor.

Alan abriu a caixa que trazia com ele e mostrou a réplica da cabeça de um dinossauro para Denise. O monitor fazia de tudo para impressioná-la.

— Incrível mesmo. Olha, Alan, nunca vi um dinossauro de verdade, mas esse aqui tem um aspecto muito real. Que artista espetacular! Ele mora aqui em Monte Alto?

— Sim, ele nasceu aqui. Foi funcionário do cartório durante anos até se descobrir artista. Começou a produzir suas peças nas horas vagas. Depois de alguns anos, ele pediu demissão para viver só dos dinossauros. O nome dele é Júlio Leme. Mas o pessoal aqui da cidade o apelidou de Dinão.

\*\*\*

Já passava das onze da noite. O dia tinha sido muito intenso. Começou cedíssimo. A delegada Juliana

Cavalcante tinha sido acordada às quatro da manhã com a notícia do assalto ao museu. Dirigiu-se imediatamente ao local e iniciou a investigação. Uma equipe especial da Polícia Federal viria da capital no dia seguinte. Juliana espalhou as fotos pela mesa de sua sala. Olhava, olhava, olhava, uma, duas, dez, vinte vezes e não encontrava aquele detalhezinho que os detetives do cinema jamais deixariam de observar. Ela tinha também uma planta baixa do Museu de Paleontologia. Marcou com caneta vermelha a posição de todas as peças roubadas. Foram dezoito no total.

– A senhora não vai descansar? – perguntou um dos investigadores ao pôr a cara para dentro de sua sala.

– Vou ficar mais um pouco. Estou me preparando para a chegada da equipe da Polícia Federal.

– Posso lhe trazer mais uma xícara de café?

– Café, sempre – aceitou a delegada.

Ao receber a xícara cheia, ela perguntou ao investigador:

– Você tem certeza de que não havia nenhum sinal de arrombamento nas portas e nas janelas, certo?

– Perfeitamente, doutora. Quem entrou tinha acesso ao museu. Ou conseguiu uma cópia da chave. Não houve arrombamento, disso eu tenho certeza.

Estranho também é que o alarme não funcionou e as câmeras de segurança estavam desligadas.

— Tudo muito suspeito mesmo — coçou a cabeça a delegada. — O que a diretora do museu falou é que elas quebraram há algum tempo e o governo não repassou a verba para manutenção.

Juliana pegou então o saco plástico que guardava a principal prova encontrada no museu. Ela sonhava em desvendar esse mistério e chamar a atenção para seu trabalho. Nunca tinha se deparado com um caso desse tamanho. No dia a dia da delegacia, Juliana cuidava de brigas de vizinhos, furtos de galinhas, bêbados inconvenientes. Nada com tamanha repercussão. Talvez fosse bom ir dormir um pouco e voltar bem cedo na manhã seguinte, descansada. Sua ideia foi interrompida pela entrada de outro policial:

— Doutora Juliana, quatro crianças desapareceram do Optimum Plaza. Elas podem estar correndo perigo, segundo me disse o gerente do hotel.

— Vamos até lá — prontificou-se. — Esse dia parece mesmo que não vai terminar nunca.

# UMA ARMADILHA À ESPERA

Um carro preto em alta velocidade passou perto dos garotos. Estava com tanta pressa que o motorista nem percebeu a presença dos quatro ali. Parou perto da mesma porta de serviço por onde tinham entrado naquela tarde. Os quatro se abaixaram e se esconderam atrás de um dinossauro de gesso.

Pelo vão das pernas do animal, com a ajuda de muitos vaga-lumes e das lanternas do carro, eles viram que o motorista desceu e ajudou Gino a sair e a se sentar na cadeira de rodas, que veio no banco de trás. Depois tirou um pacote de dentro do porta-malas e o entregou ao funcionário do museu. Era a pá que ele havia comprado poucas horas antes. Gino entrou no museu.

— Temos que avisar para ele não entrar — disse Sapo. — Ele está correndo risco.

— Será mesmo? — desconfiou Agatha.

Houve um breve silêncio, até que Yumi falou:

— O caminho está livre agora. Vamos ter que entrar para ver o que está acontecendo lá dentro.

Com Agatha à frente, os quatro seguiram para a mesma porta por onde Gino entrou. A garota não deixou que os colegas percebessem sua aflição. Era como se ela pressentisse que alguma armadilha estava à espera deles. Arrepiava-se só de pensar nisso.

\* \* \*

*Evidências* era a música que os frequentadores do Botequim do Munhoz estavam ouvindo quando uma viatura de polícia parou em frente ao estabelecimento. A delegada e mais um policial desceram do carro e foram até a mesa em que Denise e Alan conversavam descontraidamente.

— Professora Denise? — perguntou um deles.

— Sim, sou eu mesma — assustou-se.

— Por favor, a senhora poderia nos acompanhar?

\* \* \*

Gino entrou no escritório do segundo andar do museu. As outras duas figuras já estavam ali.

— Até que enfim, Gino — disse uma delas.

— Espero que você tenha comprado uma pá menos vagabunda desta vez — emendou a outra. — Por causa daquela pá ruim, quase todo o nosso plano de dois anos foi por água abaixo. Precisamos terminar o serviço esta noite.

— Coloque a pá junto com aqueles dois sacos ali no canto — ordenou a primeira. — Ele virá de madrugada, como combinado.

Os três tomaram o maior susto quando ouviram o barulho de um vidro se estilhaçando atrás de Gino. Olharam e viram os quatro garotos rodeados de cacos de todos os tamanhos. Tito não tinha reparado em uma das vitrines que estava no chão.

— Você tinha que estragar tudo, né, Tito?!? — Sapo levou as mãos à cabeça. — Estava indo tudo tão bem...

— O que vocês estão fazendo aqui, pirralhos? — a voz parecia um trovão.

Quando ele se virou, os quatro logo o reconheceram: era Saulo.

— A gente estava sem sono, resolveu dar uma volta pela cidade — Yumi assumiu o comando novamente. — Ficamos com vontade de ir ao banheiro, vimos as luzes acesas e decidimos entrar.

— Não vou cair nessa historinha de novo — enfureceu-se Saulo. — Não falei que tinha sido uma péssima ideia entrar esta tarde aqui com eles, Gino? O que eles vieram escarafunchar?

— Nossa, que decepção. O Gino está do lado deles — murmurou Sapo, com o suor escorrendo pela testa.

— Não falei que ele também era suspeito? — cutucou Agatha. — Minha lista não estava de todo errada. Taí: Gino e Saulo.

— "Ginossauro"?!? — Sapo não escutou direito. — Desse nunca ouvi falar.

A outra figura, que estava numa parte escura da sala, se aproximou deles e disse em tom ameaçador:

— Acho que precisaremos de mais pás para enterrar os quatro bisbilhoteiros.

Não tiveram que esperar mais de dois segundos para que o terceiro elemento, que parecia comandar todas as ações, surgisse diante deles. Agatha ficou paralisada. Seus olhos mostravam uma mistura de surpresa e horror ao mesmo tempo.

# FALTA UM

A diretora Célia Regina estava ali com a enorme e ameaçadora pá levantada na direção deles.

— Vamos ter de nos livrar dos abelhudos — ordenou a diretora para Saulo, que se adiantou e amarrou os quatro juntos com uma corda.

Tito começou a chorar. A corda estava apertando seus punhos e, amarrado, ele não conseguiria fotografar nada daquilo. Sapo sentiu os lábios ressecados, e os pedaços de pizza do jantar se reviravam em seu estômago. Yumi se lembrou da respiração da meditação.

— Hora de agir — Saulo esfregou as mãos, que já estavam cobertas por luvas pretas.

— Viram? As luvas. O que eu falei? — alardeou Sapo. — Ninguém me ouve.

Antes que Saulo se aproximasse dos adolescentes, Gino pediu a palavra:

— Tenho outra ideia. Há um monte de digitais deles pelo museu. Deixei que eles tocassem em algumas peças esta tarde.

— Gostei. Podemos colocar fósseis menores, como aquele do escaravelho, na mochila desse grandão chorão e chamar a polícia — disse Saulo. — Contamos que nós os apanhamos com a boca na botija, tentando se apropriar de peças do museu esta noite.

Célia Regina abriu uma das gavetas e tirou de lá um rolo de fita isolante. Cortou quatro pedaços da fita preta e mandou Gino tapar as bocas dos intrusos. Gino obedeceu, sem que nenhum dos jovens esboçasse alguma reação.

— Era só o que faltava agora — desabafou ela, dando alguns passos na pequena sala. — Um plano perfeito de tanto tempo atrapalhado por quatro crianças.

— São os ossos do ofício — disse Gino.

— Não me fale em "ossos" numa hora dessas — Célia Regina ficou visivelmente irritada.

— Peguei algumas peças e já coloquei numa mochila que estava com eles. Devo ligar para a polícia agora? — perguntou Saulo.

— Não será necessário — disse a delegada, irrompendo na sala. Ela estava acompanhada da professora Denise, do monitor Alan e de mais um agente. — Entrei sem pedir licença porque a porta estava aberta e a luz, acesa. Foi muita sorte. Ouvi tudo e arrisco dizer que vocês estão em maus lençóis, melhor não reagir. Diretora, por favor, entregue a sua... pá.

Resignada, Célia Regina passou a pá para o policial. Os garotos começaram a chorar, mas desta vez de alegria. Denise correu para tirar as fitas da boca dos quatro. Depois, desatou os nós da corda que os prendia. Os quatro estavam livres. A pressão da corda tinha marcado um pouco os punhos de todos. A fita machucou também os lábios deles. Mas a chegada da polícia e da professora confortou o grupo.

– Professora, quando entramos aqui, nós ouvimos uma conversa que ainda há uma quarta pessoa na quadrilha – explicou Agatha. – Ela virá aqui esta noite.

– Uma quarta pessoa? – ouviu e repetiu a delegada.

– Eu sei quem é – interrompeu Sapo. – Óbvio demais. Essa pessoa esteve diante de nossos olhos hoje a tarde inteira.

– Quem? – perguntou a professora.

– Só pode ser a Rachel, a outra paleontóloga – respondeu Sapo. – Só precisamos usar um pouco a cabeça. Ela sabe tudo sobre dinossauros, tem livre acesso ao museu e também trabalha com eles.

– Huummm... Rachel? Qual é o sobrenome dela? – quis saber Juliana.

– Rachel Martine – disse Gino.

– Rachel Martine. Iniciais R e M. Faz sentido – a delegada parecia aceitar a hipótese do menino.

— O que faz sentido? — Sapo perguntou. — O que eu disse faz sentido, é isso? Puxa. É a primeira vez que alguém me fala isso.

Juliana explicou que, naquela manhã, ao vasculhar o museu atrás de pistas sobre o roubo, um de seus agentes encontrou uma espécie de picaretinha ao lado de uma vitrine arrebentada. O instrumento tinha as iniciais R e M gravadas no cabo.

— Eu sou mesmo um gênio — vangloriava-se Sapo.

— Que descoberta fantástica, hein? — Tito ligou o celular e começou a gravar toda aquela agitação. — Sapo, você poderia contar para os seguidores da página titopereira_oficial o que está acontecendo?

— Eu acho que posso explicar tudo — disse o homem que acabara de entrar no recinto.

# ONDE FORAM PARAR OS DINOSSAUROS?

– Lagartos me mordam! Por que todo mundo resolveu aparecer no museu a esta hora? – surpreendeu-se Sapo. – Se eu soubesse que tanta gente viria para cá, poderíamos ter trazido uns saquinhos de pipoca.

O jornalista Tozzini pediu licença e entrou na sala acompanhado da paleontóloga Rachel. A delegada o reconheceu do encontro daquela tarde.

– Ah, é o repórter do *Correio Paulista*.

– Eu mesmo, doutora. Pesquisei os casos de roubos a fósseis de dinossauros e acho que consegui juntar os pontos com a ajuda de Rachel, educadora do museu. Sim: Rachel Martine.

Sapo não estava esperando a entrada da paleontóloga junto com o repórter:

– Aí está a peça que faltava – apontou o garoto.

– Caso encerrado! É só levá-la com os outros. Bom trabalho, seu jornalista.

Tozzini ignorou o dedo em riste do menino e explicou que Rachel e outros paleontólogos de cidades vizinhas já desconfiavam há algum tempo de Célia Regina e Saulo. Por isso, acompanhavam a movimentação da dupla e dos líderes do grupo, que se falavam o tempo todo por telefonemas e mensagens. Eles já imaginavam que o museu de Monte Alto seria furtado a qualquer momento e passaram a monitorar toda a movimentação da dupla.

– Mas esperem um pouco – coçou a cabeça Sapo. – Se a Rachel não é a quarta pessoa, quem é a quarta pessoa?

– Eu suspeito quem seja esta quarta pessoa, e ela já está aqui – Denise apontou para Alan.

– Eu? – Alan não esperava ser desmascarado daquela forma. Fez cara de quem tinha levado um soco no estômago.

– Sim, você, Alan – confirmou Denise.

– A roupa suja de terra – Sapo estalou os dedos. – Comentei com vocês assim que chegamos ao museu. Eu sou mesmo um gênio. Não disse que era ele?

– Não – reprovou Tito. – Você disse que era a Rachel.

– Tá bom. Mas quantas tentativas eu tinha? Me fala. Acertei na segunda.

– Fiquem quietos vocês dois – ralhou Agatha. – O desfecho desse caso está espetacular. Se não prestarmos atenção, não vamos conseguir acompanhar todas as reviravoltas.

— Conte-nos tudo — pediu a delegada a Tozzini.

Todos estavam muito curiosos mesmo.

— Há dois personagens aqui que, coincidentemente entre aspas, estavam ligados aos outros três museus de paleontologia na época dos furtos. Como manda-chuva da Associação dos Museus de Paleontologia, Célia Regina tinha muito poder e sempre indicava Saulo para os diretores dos museus. Ele passava um tempo em cada um deles, ganhando a confiança da equipe e analisando o acervo.

— Viram só? Não tenho nada a ver com isso — protestou Alan.

— As datas que foram escolhidas para as ações sempre coincidiam com os dias em que os museus recebiam excursões da Dino Tour — prosseguiu Tozzini. — Quem a Dino tinha como monitor nessas ocasiões? Alan Siqueira.

Respirou fundo, fazendo um certo suspense:

— Rachel e os outros paleontólogos descobriram que Célia Regina e Saulo eram sócios ocultos de um grande grupo internacional da área de entretenimento no Parque Paleontológico Paulista, que está para ser inaugurado. Eles acabaram cooptando Alan Siqueira e Luigino Paoli.

— Luigino?!? — estranhou Sapo. — Tem mais gente ainda nessa parada?

— Deixe de ser tapado, Sapo — Tito deu uma cutucada no amigo. — Luigino é o nome do Gino.

— Exatamente. Soubemos que ele entrou por último no grupo — explicou Rachel.

— Sócios ocultos? Deve ser uma piada. Como você vai provar isso? — desdenhou Saulo.

— Boa pergunta — respondeu Tozzini. — O plano de vocês é muito engenhoso. Tirar as principais atrações dos museus de paleontologia do país e dar sumiço nelas. Para quê?

— Para quê? — fez eco Agatha. — Era a mesma pergunta que eu estava querendo fazer.

— Foi para tirar público de todos eles e impulsionar as visitas e excursões ao novo empreendimento — deduziu Denise. — Foi o que o Alan deu a entender numa conversa comigo.

— Uau, ela é uma professora de ciências mesmo ou uma investigadora infiltrada? — encheu-se de orgulho Yumi.

— O cara foi azarar a professora e acabou se azarando — Sapo fez um novo trocadilho no ouvido de Tito.

— Tudo muito lindo, só que vocês precisam de provas mais concretas para nos acusar, não é? — provocou Saulo, com ar ainda mais arrogante. — Onde estão os fósseis que teríamos roubado? Vão fazer busca e apreensão em nossas casas? Podem fazer na minha. A chave está em cima da mesa.

— Pela conversa deles, eu acho que sei onde as peças originais estão escondidas — disse Agatha. — Estou até me sentindo no último capítulo de um romance policial. O detetive reúne todos na sala e vai enumerando as pistas que encontrou para chegar ao culpado.

— Desembucha logo — Tito sacudiu a amiga. — Sei que você gosta de um suspense, mas não exagera, por favor.

— Onde? — perguntou a delegada.

— É bem provável que estejam enterradas aqui perto do museu — explicou. — Eles estavam se preparando para enterrar mais peças esta noite.

— Claro, claro — Yumi vibrou com a sagacidade da amiga. — As peças que não conseguiram enterrar ontem seriam enterradas hoje. Por isso é que estavam reunidos aqui esta noite.

— A pá que estavam usando ontem quebrou e eles tiveram que voltar hoje — Tito lembrou da pá quebrada ao lado da estátua de dinossauro naquela manhã.

— Que história mais tola — riu Célia Regina. — A delegada declarou alguns minutos atrás, e vocês todos são testemunhas disso, que foi encontrado aqui dentro

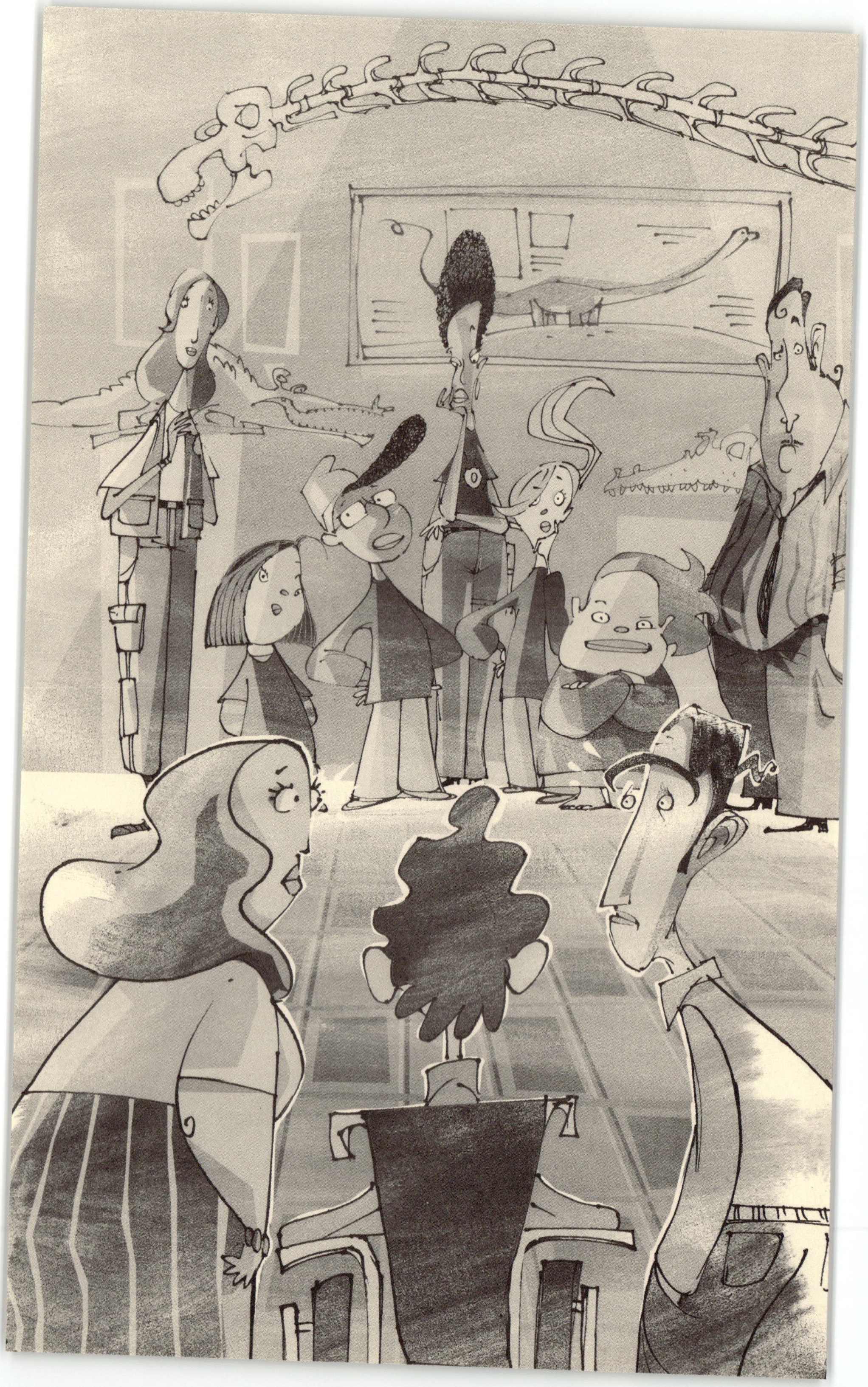

ONDE FORAM PARAR OS DINOSSAUROS?

o martelo usado no roubo do museu com as iniciais de Rachel Martine. Querem prova maior que isso?

Rachel reagiu:

— O que todos precisam saber também é que esse martelo sumiu numa visita que fiz com você a Marília. Você insistiu para que eu levasse meu equipamento e acabei deixando tudo no seu carro quando chegamos lá.

— Uma ótima versão, Rachel, mas que não se sustenta em pé.

— Eu me dei conta do desaparecimento dele assim que cheguei em casa, Célia. Passei uma mensagem para você, perguntando se ele não tinha caído no seu carro. E, na maior cara de pau, você disse que não.

— Pois você está querendo livrar sua cara e acusar uma inocente, que sou eu.

De repente, Gino caiu no choro:

— Não podemos culpar uma inocente. Isso não se faz. Eu confesso, eu confesso tudo.

— Cala a boca, bobalhão — disparou Saulo. — Mantenha a matraca fechada.

— Eu enterrei os ossos e os fósseis dos roubos aos quatro museus aqui no terreno de trás — relatou Gino, com as lágrimas escorrendo pelo rosto. — Não queria fazer isso, mas fui ameaçado e chantageado quando escutei sem querer os planos dos dois assim que Saulo chegou a Monte Alto.

— Está tudo aqui então? — surpreendeu-se a delegada.

— Sim, doutora — explicou Gino. — Colocamos em caixas e enterramos aqui. Eu contratava um jardineiro para fazer o buraco e depois só precisava cobrir de terra. Alan cuidava disso. Plantávamos gerânios nos locais onde as caixas estavam para tornar mais fácil sua localização.

— O mapa!!! — berrou Sapo. — Aquele papel que caiu do bolso do Saulo tem a localização das caixas.

Célia Regina, Saulo e Alan estavam mudos. Não esperavam a confissão de Gino. As provas brotavam, portanto, da terra.

— Qual é a vantagem de roubar tanta coisa para enterrá-las depois? — refletiu a delegada. — Se usassem essas peças no parque, eles seriam desmascarados por outros paleontólogos. Não imagino que seriam tão ingênuos assim, seriam?

Rachel tinha um palpite:

— O plano era, daqui a algum tempo, vender essas peças no exterior. O mercado pirata de fósseis movimenta milhões de dólares.

— Mas diga a eles o que você me contou no caminho para cá, Rachel – pediu Tozzini, que acompanhava tudo com atenção. – Como fariam isso se todas as peças de um museu são minuciosamente fotografadas e catalogadas?

– Soube que eles encomendaram diversas réplicas de esqueletos de dinos a um paleoartista da cidade – explicou. – Diziam que era para o tal parque. O que eles fariam? Você pega um osso de dinossauro verdadeiro, desses que foram roubados, e coloca no meio de outras peças de mentira. Ao vender, diz na alfândega que tudo são réplicas, entende? Mas o comprador lá de fora sabe que uma peça verdadeira está indo junto. Ninguém iria perceber.

– O Alan está com uma caixa que ele disse que veio do paleoartista – anunciou a professora Denise.

– Ele a deixou no bar em que estávamos.

– Que belo plano – elogiou Agatha. – Quem fazia planos tão engenhosos assim era o vilão de *O último trem da madrugada ainda não chegou*. O nome do vilão era Neil Thompson. Só que todos os planos acabavam dando errado no final.

– Chega de suposições, Rachel – irritou-se Saulo. – Melhor ficar calada.

– Quem deve fechar a boca é o senhor – bronqueou a delegada. – Os quatro vão me acompanhar até a delegacia. Vamos algemá-los, por favor, policial.

– Algemada? – berrou Célia Regina. – Esqueceu que meu irmão é um deputado federal influente, "dou-to-ra" Juliana Cavalcante? Não vou ficar mais do que dez minutos na delegacia e você vai ter de procurar um novo emprego.

— A senhora vai chamar seu deputado federal e eu vou chamar a Polícia Federal — ironizou a delegada. — Como os dois são federais, eles que se entendam, né?

— Nós teríamos conseguido se não fossem essas crianças enxeridas — bufou Saulo, sendo conduzido para fora do museu pelo policial.

— Sugiro chamar os paleontólogos da região para escavarem o terreno — disse Tozzini para Rachel.

— Farei isso — Rachel aceitou a sugestão. E, virando-se para os pequenos heróis, agradeceu o empenho dos quatro em ajudar a desvendar o caso.

— Ah, Rachel, posso fazer uma *selfie* antes de você ir embora? — pediu Tito. — Você tem conta em alguma rede social?

# PEGADAS NO SAGUÃO

Tozzini levou os quatro garotos e a professora Denise de volta ao hotel. Aflitos, os amigos estavam alvoroçados na recepção, esperando por notícias. Todos foram abraçados quando entraram pela porta. Apesar da hora avançada, tiveram de contar a história pormenorizadamente.

– Vocês tiveram muita sorte – disse a professora.
– A Marielly ligou para o quarto da Yumi e ninguém atendeu. Ela e a Amanda foram até lá e descobriram que as duas tinham saído. Aí foram atrás de mim e viram que eu também estava fora do hotel. Imaginaram que algo poderia ter acontecido. Por sorte, o recepcionista do hotel sabia onde eu estava e chamou a polícia.
– Mas como você adivinhou que tínhamos ido para o museu? – Yumi perguntou.
– Foi fácil – respondeu ela. – Entrei no perfil do Tito e ele tinha acabado de publicar uma foto e a localização dele.
– Se viu a foto, por que não curtiu, hein? – reclamou Tito.

A risada foi geral.

— O que vocês acham de formarmos um esquadrão de descobertas paleontológicas? — perguntou Agatha.

— Claro — Sapo abriu um largo sorriso. — Roemos o osso, agora é hora de comer o filé. Esta frase também é do meu pai.

— Topadíssimo. Só precisamos pensar num nome — começou a planejar Yumi.

— Esquadrão Jurássico, o que acham? — disse Sapo.

— Impõe respeito, sim — aprovou Tito. — Eu adorei. Já vou criar uma conta no Insta. Vamos fazer vídeos para o YouTube também?

— Ei, um minuto — lembrou Agatha. — Perceberam que o Sapo pode ter tropeçado num novo osso de dinossauro, e não num tronco de árvore, quando rasgou o tênis?

— É verdade — concordou Yumi. — Vai ter que cumprir a promessa e batizá-lo de *Nisiaflorestus denisemendesi*.

— Pensei numa pequena alteração: será *Sherlocksuchus denisemendesi*.

O jornalista entrevistou os quatro garotos para incluí-los na matéria atualizada que entraria no site do jornal dali a pouco. Tozzini voltou a sentir a mesma alegria de quando publicou a sua primeira reportagem trinta anos antes.

Depois de um dia tão intenso, chegava o momento de os alunos voltarem para os quartos. Denise deu boa-noite para todos os que ficaram de vigília no saguão:

— Bem, pessoal, já passou da hora de irmos para a cama. Vamos embora de Monte Alto amanhã de manhã. Mas tenho uma boa notícia. A delegada autorizou a nossa entrada em algumas áreas do museu antes de partirmos. Rachel vai nos acompanhar na visita, está tudo acertado.

— A Rachel é o máximo, não acham? — derreteu-se Marielly. — Também quero trabalhar com pesquisas científicas, como ela.

— A professora Denise mandou bem demais! — elogiou Agatha. E cutucou Tito: — Tem gente que veio aqui fazer *stories*, mas teve gente que fez história.

— Pensei até que o prefeito estaria aqui para entregar à professora a chave da cidade — comentou Yumi.

— E desde quando cidade tem porta, bobona? — coçou a cabeça Sapo.

— "Chave da cidade" é uma homenagem que pessoas importantes recebem — explicou Yumi.

— Ah, eu preferia receber a chave da sorveteria — disparou Sapo.

A mais feliz de todos era Agatha. Ela tinha vivido uma história de suspense que imaginava que só acontecesse nos livros:

— No epílogo de *Os fins justificam os medos*, o detetive Mel Garret recebe uma condecoração do presidente francês. Na hora do discurso, nas últimas linhas do livro, ele disse aos presentes: "Senhor presidente, muito obrigado pela medalha. Mas o maior prêmio que um detetive pode receber é o telefone tocar com um novo caso para ser solucionado".

— Ainda bem que o meu telefone já está quase sem bateria — riu Yumi.

— Eu sempre trago um carregador portátil — disse Tito. — Não posso deixar meus seguidores sem notícias. Ah, seu jornalista, ainda não fizemos uma foto juntos. Você pode me marcar na sua reportagem?

Tozzini achou graça e disse que quem fazia isso era a área de redes sociais do jornal. Mas prometeu passar adiante o pedido.

— Vejam esse monte de pegadas no saguão — apontou Yumi. — Será que um dinossauro passou por aqui?

Só nesse momento é que a turma reparou que Sapo continuava com os pés descalços e absolutamente imundos. Olhando para eles, a professora Denise pediu:

— Ah, Enzo, por favor, não se esqueça de tomar um banho antes de se deitar e de lavar bem esses pés.

— Ih, Denise, acho que não vai dar — interrompeu Tito.

— E por que é que não daria? — estranhou ela.

— Esqueceu que o Sapo não lava o pé?

Agatha e Yumi ficaram com vontade de rir, mas não deram o braço a torcer. Seguraram a risada.

— Como é que a gente consegue andar com essa dupla? — perguntou-se Agatha.

— Cada piada pior que a outra — completou Yumi.

— Doem até nos ossos.

# A SEGUNDA TEMPORADA

Na manhã seguinte, os dois estrangeiros que estavam hospedados no Optimum Plaza saíram sem tomar café. Foram caminhando até a rodoviária. Esperaram alguns minutos até receberem um WhatsApp de um número desconhecido exatamente na hora marcada. Havia na mensagem um endereço a oitocentos metros dali, na rua Doutor Raul da Rocha Medeiros, na área comercial da cidade. Chegaram a uma antiga loja de sapatos que parecia estar fechada havia algum tempo. Um carro todo preto, com películas muito escuras nos vidros, parou ao lado deles. Havia dois homens nos bancos da frente – o do banco do carona abriu uma das portas de trás e fez um movimento leve com a cabeça, indicando que os estrangeiros deveriam entrar. Foi o que fizeram.

 O carro saiu da zona central da cidade e parou no estacionamento de uma velha fábrica de goiabada abandonada. Os dois estrangeiros entregaram um envelope com um bolo de notas de quinhentos euros. Os homens tiraram uma caixa do porta-malas e, só depois de terem absoluta certeza de que ninguém os estava observando, mostraram quatro fósseis para os compradores, que abriram um sorriso de felicidade. O carro partiu e os estrangeiros, disfarçadamente, tiraram com o celular uma foto do veículo, que não tinha placas nem na frente nem atrás. Ligaram então para o motorista contratado, que não demorou nem cinco minutos para apanhá-los. Pegaram as mochilas no hotel e seguiram para o aeroporto internacional de Campinas, de onde partiria naquela tarde o voo deles para a Europa.

Foi assim que Agatha terminou sua história. Seu primeiro livro. Em vez de um ponto-final, reticências... Ela aprendeu essa técnica nos romances da autora irlandesa P. A. Martin, que ela admirava muito. Segundo Martin, era sempre bom criar, depois do final, uma última cena, meio enigmática, como uma deixa que fará os leitores se interessarem pela continuação da aventura. Se o livro for comprado por uma produtora de séries, então melhor ainda: o gancho para a segunda temporada já está garantido.

# PARA SABER MAIS SOBRE OS DINOSSAUROS BRASILEIROS

## MUSEUS E SÍTIOS PALEONTOLÓGICOS

O Brasil possui dez grandes sítios paleontológicos, localizados nos estados de Minas Gerais, Rio Grande do Sul, Piauí, Rio Grande do Norte e Paraíba.

O município de Sousa (PB) é o local em que fica o Vale dos Dinossauros, um dos maiores parques paleontológicos do mundo.

Em Monte Alto, no estado de São Paulo, está um dos mais importantes museus de paleontologia do país. Mas há muitos outros museus paulistas, como os de Marília, Uchôa e Rio Claro, citados no livro.

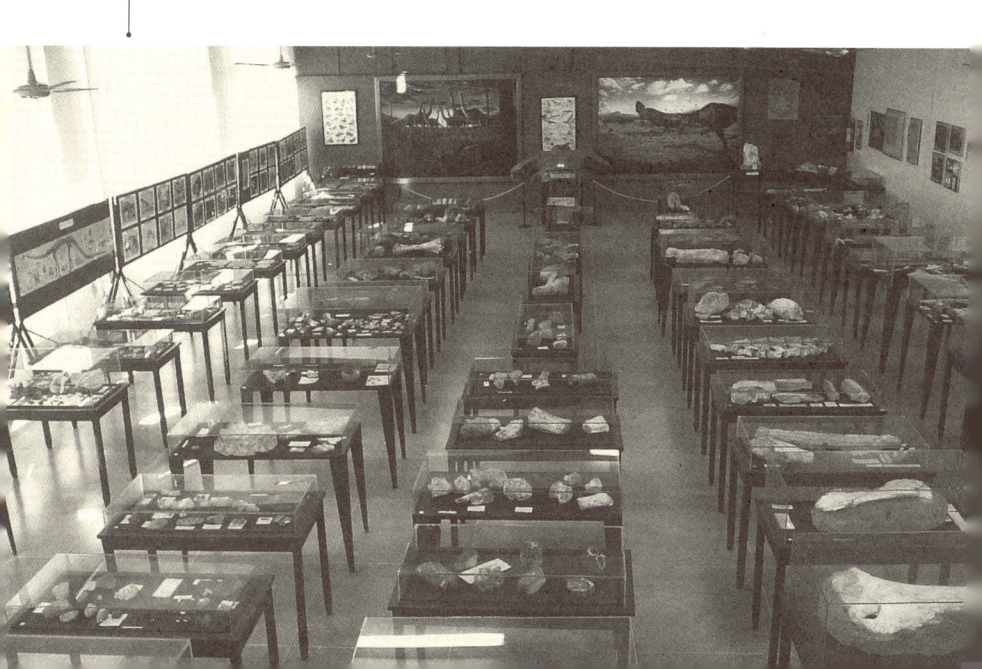

Vale a pena visitar também o Museu de Paleontologia Plácido Cidade Nuvens, que fica em Santana do Cariri (CE), chamada de "capital cearense dos dinossauros".

## DINOSSAUROS BRASILEIROS

Os dinossauros brasileiros são predominantemente do período Cretáceo. A área onde hoje está o Brasil era coberta por árvores coníferas de até trinta metros de altura e samambaias. Essas plantas faziam parte da dieta dos titanossauros, herbívoros cujos fósseis foram encontrados em São Paulo, Minas Gerais, Goiás e Mato Grosso.

A primeira espécie oficialmente descoberta no Brasil foi a <u>Staurikosaurus Pricei</u>, em 1970, no Rio Grande do Sul.

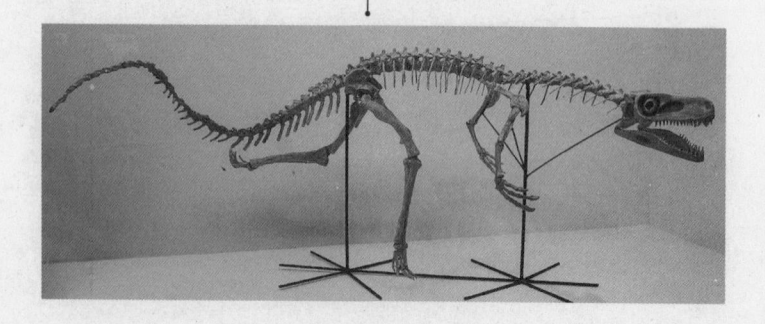

## ONDE FORAM PARAR OS DINOSSAUROS DA TERRA?

Centenas de teorias tentam explicar a extinção dos dinossauros há sessenta e seis milhões de anos. A principal diz que ela teria sido causada por um meteoro gigante (ou vários) que caiu na Terra. O impacto do meteoro criou um grande desequilíbrio ecológico, acentuado pelo efeito estufa. Estava acontecendo uma grande atividade vulcânica naquele período por causa da separação da Pangeia (o supercontinente que se dividiu e deu origem aos continentes como são hoje). Com o aquecimento global, morreram as plantas, das quais os herbívoros se alimentavam. Com o fim desses seres, os carnívoros deixaram de ter o que comer, sendo então levados à extinção em cadeia.

Outra hipótese diz que os dinossauros ficaram tão grandes que não conseguiam mais se locomover e morreram por falta de comida, mas ela já foi desmentida. Vale lembrar que nem todos os dinossauros se extinguiram ao final do Cretáceo. Um grupo de pequenos dinossauros carnívoros e emplumados sobreviveu até os dias de hoje e é chamado de aves.

## O QUE É A PALEONTOLOGIA?

É a ciência que estuda seres vivos que já habitaram a Terra, a partir de seus fósseis. O paleontólogo procura descobrir características físicas, hábitos e relações com o meio ambiente, não só de dinossauros, mas também de mamíferos, répteis, peixes, aves, anfíbios, invertebrados, plantas, fungos e até bactérias do passado.

Não existe ainda no Brasil uma faculdade de paleontologia. Os interessados em se aventurar na carreira acabam se formando em <u>geologia ou biologia,</u> e depois fazem cursos de especialização ou pós-graduação.